Das Buch vom Ampelmännchen

Eulenspiegel Verlag

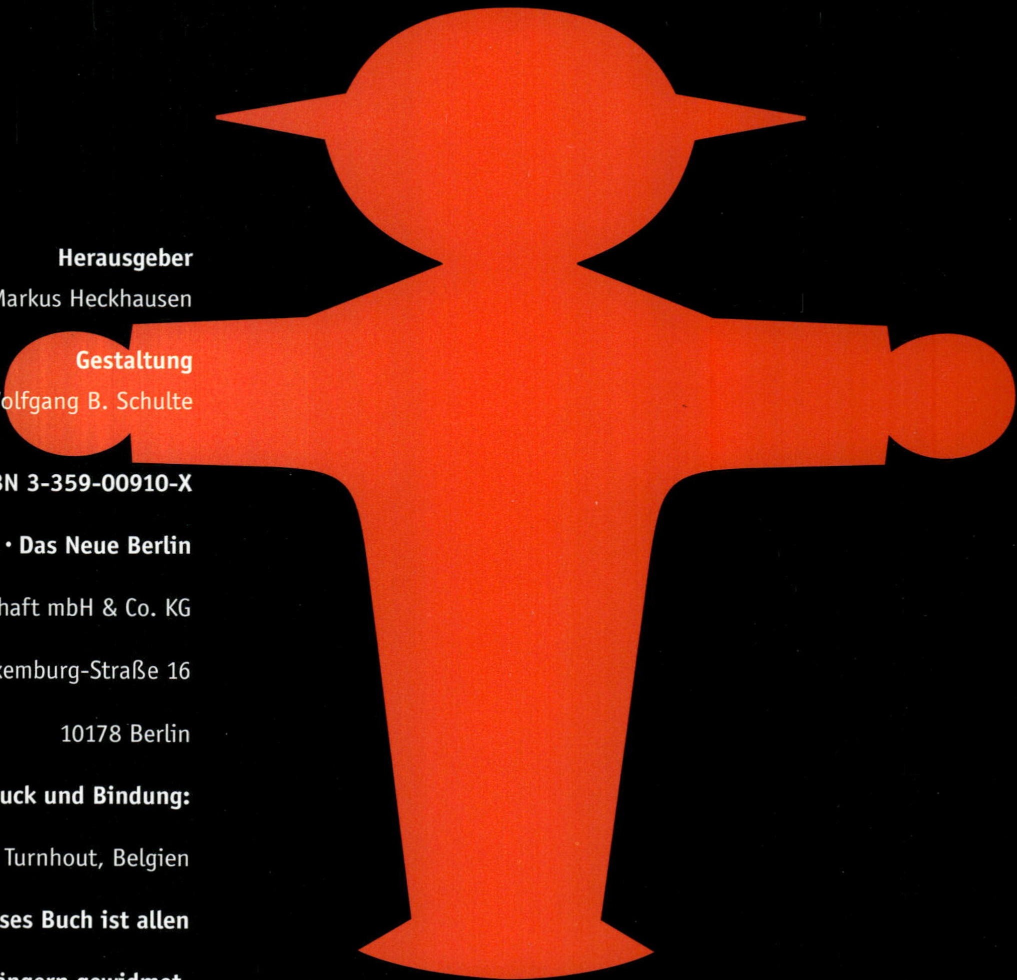

Herausgeber

Markus Heckhausen

Gestaltung

Wolfgang B. Schulte

ISBN 3-359-00910-X

Verlagsgesellschaft mbH & Co. KG

Rosa-Luxemburg-Straße 16

10178 Berlin

Druck und Bindung:

Proost nv, Turnhout, Belgien

Dieses Buch ist allen

Fußgängern gewidmet.

Inhalt

VOLKSBÜHNE

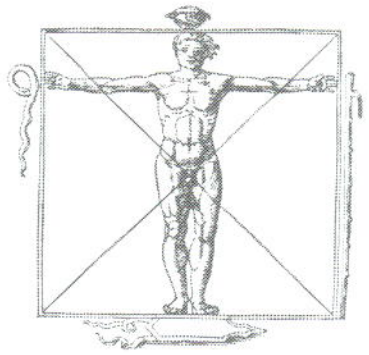

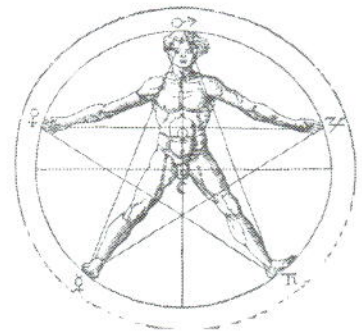

Aufruhr um den kleinen Götterboten aus dem Osten

Es ist ein urmenschlicher Brauch, an heiligen Stätten Licht brennen zu lassen, zum Zeichen der Verehrung, aber auch des Segens, der von dem Orte ausgeht.

Im grünen Licht des östlichen Ampelsignals erscheint fliegenden Schrittes niemand anderer als der Götterbote Hermes, deutlich am breitkrempigen Reisehut und an den Flügelschuhen erkennbar. Als Gott des Handels schützte er Kaufleute und Reisende; ihm geweihte Steinhaufen und Hermen (die Vorläufer der Ampelsignale) dienten als Wegzeichen. Hermes war der schnelle Kurier, er geleitete die Götter und erledigte deren Botendienste.

Der Ost-Ampelmann strahlt eine eigenartige körperliche Präsenz aus. Mehrere Faktoren sind dafür verantwortlich: Wie bei Leonardo da Vinci liegt auch hier ein Entwurf zugrunde, der die Gestalten des *homo ad quadratum* und des *homo ad circulum* zu vereinigen sucht. Denn in allen Renaissancen geht es um wahre und dauerhaft gültige Proportionen, die das Verhältnis von Körper und Raum regeln.

Dr. phil. Ulrich Giersch zur Installation „Die Geher" von Eleonore Straub und Günter Haring an der Volksbühne am Rosa-Luxemburg-Platz, Berlin 1996.

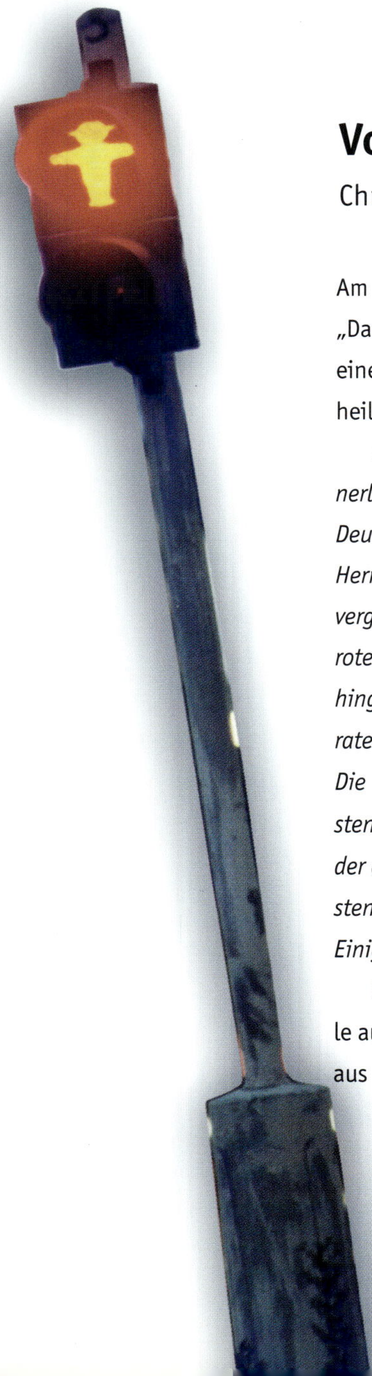

Vopos, Grenzer, Stalinisten

Christoph Dieckmann

Am 23. August 1996 erschien in der ZEIT eine unerhörte Ferkelei. Unter dem Titel „Danke, Herr Ampelmann!“ feuerte das sonst so seriöse Hirn- und Wochenblatt eine mörderische Breitseite gegen alles, was seinen wenigen ostdeutschen Lesern heilig ist.

Wohl jedem, der die „DDR“ besuchen mußte, sind deren Fußgängerampeln erinnerlich. Die Figuren (Piktogramme) unterschieden sich erheblich von denen in Deutschland. Sie zeigten ungesunde Korpulenz (Gemüsemangel) und trugen Herrenhüte, welche Honeckers Staatsvolk in den HO- und Konsument-Geschäften wohl vergeblich suchte. Das grüne Männchen raste in sklavischer Hast: Dawai, dawai! Das rote breitete autoritär die Arme: Halt! Stehenbleiben! Die Piktogramme des Westens hingegen atmen zivile Selbstverständlichkeit. Einzig vermittels ihrer Farbgebung raten sie dem mündigen Bürger wie dem Kinde unaufgeregt zum Gehen oder Stehen. Die Westmännlein sind Freunde, Demokraten, die östlichen Vopos, Grenzer, Stalinisten. Gerade in den Kleinigkeiten entlarvt sich ein System. Da sich die Auswechslung der ostdeutschen Bevölkerung vorderhand schwierig gestaltet, entspricht doch wenigstens die Liquidierung der gewaltherrschaftlichen Ampelmännchen dem Geiste des Einigungsvertrags.

Und so fort. Das Sudelstück erregte eine Springflut von Protestbriefen, fast alle aus dem Westen. „Sehr geehrte Damen und Herren“, schrieb Herr Dr. Hans Delfs aus Stockdorf/Bayern, „ich schätze Ihr Blatt sehr (sonst hielte ich es mir nicht), aber in der Ausgabe 35 ist Ihnen für meine Begriffe etwas passiert, was nicht passieren sollte: Sie haben in Ihrem Blatt einem von den Menschen Stimme gegeben, die es nicht verwinden können, daß mit Ende des kalten Krieges ihr Feindbild überflüssig geworden ist, und die es mit allen Kräften aufrechterhalten möchten." Solange derlei „Hetze in Reinkultur" erscheinen dürfe, „wird auch die PDS Zulauf behalten von Menschen, die zwar keinerlei Sympathie für die frühere SED haben, die in ihrer Identität nicht einfach der erdrückenden Umarmung des Westens erliegen wollen".

Herr Dr. phil. Lothar Merkelbach, Obermarchtal/Bayern: „Aus einer Mücke einen Elefanten zu machen, noch dazu mit einem gehässigen Unterton – ist das der neue Stil der ZEIT?"

Frau Helga Wendel aus Hofheim („eine unbekannte, aber empörte Leserin"): „Wir brauchen uns nicht zu wundern, wenn es in den neuen Bundesländern sog. Scharfmacher gegen ein Miteinander gibt, wenn aus dem sog. Westen solche ‚Handgranaten' abgefeuert werden."

„Beleidigend, platt und arrogant" nannte Herr Michael Meyer aus Freiberg den ZEIT-Beitrag und verteidigt die Ost-Ampelmännchen in sehr persönlichen Worten: „Ich dagegen hatte bisher die ausgebreiteten Arme der stehenden Figur immer als Umarmung, die laufende Figur als tanzend empfunden. Diese Figuren waren für mich nach meinem Umzug nach Sachsen immer ein Anlaß zur Freude. Nun werden sie leider gegen die profillosen westdeutschen Pendants ausgetauscht, in denen ich beim besten Willen keine Demokraten und Freunde erkennen kann."

Frau Astrid Lanzendorf aus Borken-Singlis erläuterte: „Weimar, Dresden und die übrige ‚DDR' gehören nicht erst seit 1990 zu Deutschland."

Herr Herbert Hummel aus Blaubeuren-Weiler/Bayern hatte „nur eine Frage: Verstehen Sie sich als kritischer Journalist, oder sind Sie Lobhudler in Sachen Rot-Grün?"

Am weitesten gereist war ein Brief aus Papua-Neuguinea. Mit dem Käfer Calliostola pulchra frankiert, enthielt er das Befremden des evangelisch-lutherischen Missionars-Ehepaares Karl Heinz und Ingrid Wuertenberg: „Es kann doch nicht im Ernst im Interesse einer Gesellschaft, die mit so vielen Problemen des Alltags belastet ist, wie immer wieder in so vielen schillernden Farben dargestellt wird, sein, sich darüber aufzuhalten, daß da Ampeln sind, deren Männchen an irgendwelche Regimes erinnern und somit eliminiert werden müssen!" Von Trauer und Betroffenheit schrieben die Wuertenbergs und wünschten dem Autor, in seinem Leben noch „viel dazuzulernen", gleichwie auch sie in Afrika manches erfahren hätten, obzwar es sich daselbst um „Schwarze" statt um „Rote" handle.

Nie Ironie! hatten mir zutiefst erfahrene Kollegen eingeschärft, als ich 1991 meine Arbeit bei der ZEIT begann. Niemals sarkastisch schreiben! Der ZEIT-Leser,

ein Ritter bester Absichten, verträgt entlegenste Themen und verdaut die sperrigsten Satzmäander. Ironie begreift er nicht, und schmierte man sie ihm fingerdick aufs Brot.

„Liebster Dr. phil.“, schrieb ich nach Obermarchtal/Bayern, nach Stockdorf/Bayern, Borken-Singen und sonstwohin. „Es tut mir so leid, und wiederum auch nicht. Sie sind in die Ironiefalle geplumpst. Ich bin ja Ihres Sinnes. Ich bin der einzige Ost-Redakteur der ZEIT. Mit Ihnen hoffe ich, daß viele, ach was, alle Ost-Ampelmännchen bleiben. Aber manchmal kann man sich gegen die Idiotismen ostdeutscher Abwicklung nur mit Sarkasmus wehren.“

Ich hätte gern noch ein zweites Aber angefügt: Aber ich glaube, daß Ampelmännchen nur sehr eingeschränkt zum Lastesel ostdeutscher Kränkungen taugen. Auch als Gralshüter von unser aller Ost-Identität wäre es überfordert. Identität hat man oder nicht. Letztenfalls hilft auch kein Ampelmännchen-Shirt. Freilich sollte man die Ostler nicht schon wieder bremsen, da sie nun endlich, endlich ihre erste Bürgerinitiative nach der vom Herbst 1989 auf die Beine brachten. Dem „Komitee Rettet die Ampelmännchen!“ scheint zu gelingen, woran die „Komitees für Gerechtigkeit“ dürftigst scheiterten: ostdeutsches Engagement zu mobilisieren für ein vernünftig umrissenes Projekt ohne Ideologie.

Wir fordern also nicht die unverzügliche Bereitstellung blühender Landschaften unter vollinhaltlicher Berücksichtigung ostdeutscher Belange und Verdienste bei den Entscheidungsfindungen in Bonn, Brüssel und Washington zur baldestmöglichen Verwirklichung der inneren Einheit Deutschlands. Wir wollen lediglich die Ost-Ampelmännchen behalten.

Und dann gebt ihr Ruhe, ihr Ossis?

Fürs erste.

Ja, eben, mit den Ampelmännchen fängt es an, und am Ende kommen die Russen zurück.

Wie gesagt, all dies habe ich den lieben empörten ZEIT-Lesern nicht geschrieben, nur das mit der Ironie-Falle. Es kamen entzückende Antworten, auch aus Papua-Neuguinea. „Sollten Sie mal in der Gegend sein, schauen Sie rein", schrieb das Missionars-Ehepaar. „Wir hier in Port Moresby haben eine einzige Fußgängerampel, und die funktioniert meistens nicht. Gottes gute Begleitung, Ihre Wuertenbergs."

DUNLOP
DUNLOP
ARISTON
DUNLOP

Eiserner Schupomann, Berlin 1925.

Zeigerampel in der Kantstraße, Berlin 1928.

Die Entstehung der Lichtzeichenanlage

Markus Heckhausen

Der erste Versuch zur Regelung des Straßenverkehrs durch ein Lichtzeichen scheiterte an der Technik. In der Nähe des Parlaments in London wurde 1908 ein Gas-Signal mit den noch heute gültigen Farben aufgestellt: Doch bevor sich die Kutscher und die ersten Autofahrer mit dieser neuen Einrichtung anfreunden konnten, explodierte sie auch schon. In den autoverliebten USA experimentierte man erfolgreicher, indem man grün- und rotgefärbte elektrische Glühlampen einsetzte.

Von dort brachten 1924 Vertreter der Berliner Straßenbahn-Betriebs-GmbH anläßlich einer Studienreise einen neuartigen Verkehrsturm mit. Installiert wurde diese erste Ampel Deutschlands am Potsdamer Platz in Berlin, wo immer längere Staus und eine besorgniserregende Zahl von Fußgängerunfällen dringend nach Abhilfe verlangten. Der Platz wurde verkehrsgerecht umgebaut, und erstmals schuf man separate Furten für Fußgänger. Doch im Gegensatz zu den Autofahrern woll-

ten sie sich nicht so schnell mit den Signalen anfreunden, die ein im Turm stehender Polizeibeamter bediente. Sie liefen noch lange kreuz und quer über den Platz.

Zwei Jahre später wurde in der Leipziger Straße die erste *Grüne Welle* geschaltet. Sie erlaubte, angepaßt an den Straßenbahnverkehr, eine durchschnittliche Geschwindigkeit von 18 km/h. Man verwandte überwiegend vierseitige Hängeampeln, die über der Straßenmitte aufgehängt wurden. Aber auch die Zeigerampel hielt sich noch eine Weile. Sie signalisierte die Fahrberechtigung durch einen Zeiger, der über ein in farbige Sektoren eingeteiltes Feld rotierte.

Stau am Brandenburger Tor, Berlin 1928.

In den 50er Jahren stellte man die ersten nur für Fußgänger bestimmten Ampeln auf. Unabhängig voneinander wurden dafür in vielen Ländern entsprechende Symbole entworfen. Es entstanden die ersten Ampelmänner und -frauen, die sich anfangs noch unterschieden, im Zuge technischer Normierungen aber zu einem weitgehend vereinheitlichen Typ führten.

Bitte Knopf
drücken

Telegraf, 15.5.1957

Berlins erste Fußgängerampel

Die erste Fußgängerampel Berlins ist am Montag um 15 Uhr vor dem botanischen Garten in der Straße „Unter den Eichen" in Betrieb genommen worden. Vorsichtshalber probierte sie der Leiter der Steglitzer Polizeiinspektion, Kommissar Miczek, erst einmal persönlich aus. Sein Kommentar: „Es klappt, Zwischenfälle hat es in den ersten 24 Stunden nicht gegeben. Die Fußgänger kommen dort zu ihrem Recht, ohne daß den Kraftfahrern Unrecht geschieht."

Man kann, weder mit Absicht noch unabsichtlich, als Fußgänger den Fahrzeugverkehr pausenlos blockieren. Wenn der Fußgänger auf den Ampelknopf drückt, verschwindet das Grün (freie Fahrt) für den Fahrzeugverkehr. Ein gelbes Blinklicht leuchtet für die Kraftfahrer auf.

Erst dann folgt das Gelb (Achtung) und dann das Rot (Stop) für die Kraftfahrer. Gleichzeitig lesen die Fußgänger in ihrer Richtung das „Gehe" auf grünem Ampellicht. Den Fußgängern bleiben 18 Sekunden Zeit zum Überqueren der Fahrbahn, dann kommt der Fahrzeugverkehr wieder zu seinem Recht – 30 Sekunden lang. Dieser Zeitraum kann auch von besonders eiligen Fußgängern nicht verkürzt werden.

Verkehrssignalgeber von Siemens aus dem Jahre 1955

Telegraf, 1.5.1956

Ab Mittwoch "Grüne Welle"

Mit 50 Km/st ohne Halt – 12 Sekunden für Fußgänger

Mit der „Grünen Welle" gehts ab 2. Mai über die Bismarckstraße und dem Kaiserdamm. Am Mittwoch um 9 Uhr wird die „Grüne Welle" in Anwesenheit des Bausenators Schwedler und des Polizeipräsidenten Dr. Stumm am Sophie-Charlotte-Platz eröffnet.

Ohne Halt kann der Straßenzug vom Messedamm bis zur Wilmersdorfer Straße mit etwa 50 Stundenkilometern und bis zur Grolmanstraße mit etwa 55 Stundenkilometern durchfahren werden. Bei den automatisch gesteuerten Ampeln wird 4 Sekunden „Rot/Gelb" gegeben.

Den Fußgängern stehen zum Überqueren der Fahrbahn vom Aufleuchten des Grün-Zeichens „Gehe" 8 bis 12 Sekunden zuzüglich einer sogenannten Schutzzeit von 12 Sekunden zur Verfügung. Die Wartezeit auf dem Mittelstreifen beträgt etwa 20 Sekunden, bis das nächste grüne „Gehe"-Zeichen aufleuchtet.

Die zwei „Dirigenten", wie die vollautomatischen Steuergeräte genannt werden, sind am Sophie-Charlotte-Platz aufgebaut.

Im besonderen ist von Fußgängern folgendes zu beachten: Wenn er in der letzten Sekunde seiner Grünzeit „Gehe" die Fahrbahn betritt, soll er, auch wenn nun das Signal auf „Warte" überwechselt, die Fahrbahn überqueren. Wenn jedoch das rote „Warte"-Signal aufleuchtet, darf er die Fahrbahn nicht mehr betreten.

Das Ampelmännchen oder:
Kleine östliche Verkehrsgeschichte

Karl Peglau, Dipl.-Psychologe

Als ich 1962 durch den Vorsitzenden der „Ständigen Kommission Verkehr der Stadtverordnetenversammlung von Großberlin" beauftragt wurde, eine Konzeption zu Fragen der Regelung und Sicherheit von getrennt zu leitenden Verkehrsströmen im Straßenverkehr (Kraftfahrer, Fußgänger, Straßenbahn u. a. m.) zu erarbeiten, waren die Grundlagen dafür meine 1961 eingebrachten Vorschläge für neue Lichtsignalampeln im Straßenverkehr.

Ich war damals leitender Verkehrspsychologe beim „Medizinischen Dienst des Verkehrswesens der DDR/Direktion Berlin" und berufenes Mitglied dieser ehrenamtlich arbeitenden Kommission.

Es war dann diese Berliner Kommission Verkehr, die meine neuen Ampelvorschläge, wärmstens befürwortend, auf den langen Weg der Begutachtung und Zustimmung durch diverse wissenschaftliche, technische und politische Fach- und Leitgremien des Verkehrswesens der DDR brachte. Darunter waren auch mehrere „Zentrale Arbeitskreise für Forschung und Technik beim Forschungsrat der DDR", wie „Ophtamologie und ophtamologische Geräte", „Lichttechnik und optische Signale" und „Straße und Straßenverkehr".

Die „Ost-Ampelmännchen" waren ein wesentlicher Teil meiner damaligen Vorschläge für neue Straßenverkehrsampeln. Es sind echte Berliner Jören: Sie wurden

Karl Peglau, der Vater der Ampelmännchen, vor einer Testtafel mit den Ur-Ampelmännchen

am 13. Oktober 1961 als Fußgänger-Ampelsymbole in Berlin, Hauptstadt der DDR, ins offizielle Leben gerufen und feiern somit in diesem Jahr ihren 36. Geburtstag.

Wenn die Ampelmännchen heute auch mehr als Symbole gegen unvernünftige Nach-Wende-Abwicklungsmentalität zu brauchbaren Kultfiguren stilisiert werden, so waren sie ursprünglich – und bleiben hoffentlich weiterhin – Figuren der Straße, nämlich psychologisch bedachte Symbole zur Verhaltensregelung der Fußgänger im Straßenverkehr.

Es gibt meines Erachtens keine Gründe, die Symbole aus ihren angestammten Plätzen in den neuen Bundesländern zu vertreiben. Aber es gibt viele gute Gründe, sie auch in den alten Bundesländern einzuführen und, da gerade die Diskussion um einheitliche Symbole für Europa läuft, diese Ampelmännchen europaweit zu empfehlen.

Bei ihrer Entstehung waren die Ampelmännchen verpackt und integriert in ein ganzes Paket von neuen Ampelvorschlägen, die ich im Interesse der Verkehrssicherheit und Verkehrsflüssigkeit machte.

Es waren zunächst auch gar nicht die Ampelmännchen, sondern die neue Ampel für den Kraftverkehr, die das öffentliche Interesse besonders bewegte. Die alte, seit den 30er Jahren im Berliner Stadtbild übliche Ampel mit ihren übereinan-

Der aufrechte Gang oder: Wie das Männchen laufen lernte.

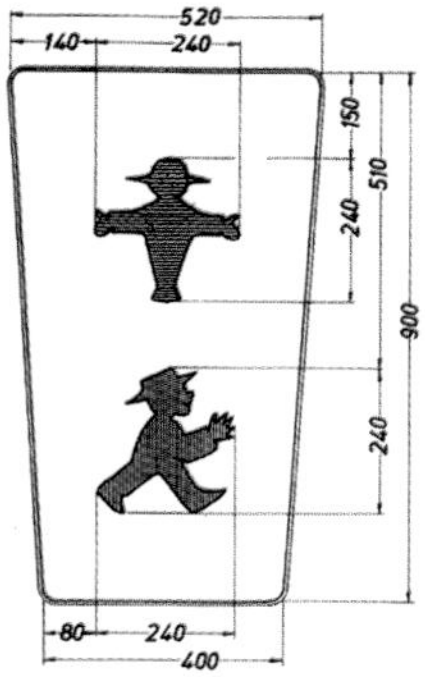

Maßskizze von 1961

der angeordneten runden Signalflächen in den Farben Grün, Gelb, Rot ließ, unter wahrnehmungspsychologischer Sicht, zwei gravierende Mängel erkennen. Sie nimmt einerseits mit ihren drei farbigen Lichtsignalen keine Rücksicht auf Verkehrsteilnehmer, die aktuell oder ständig Farben nur schwach, verfälscht oder gar nicht wahrnehmen können. Dies betrifft immerhin etwa 10 Prozent der Bevölkerung; überwiegend Männer. Und sie hat andererseits zu kleine Lichtsignal- und Abschirmflächen, um sich immer gegen kräftige Licht- und andere Reklame sowie Sonneneinstrahlung durchsetzen zu können.

Deshalb schlug ich als erste Neuerung vor, aus der Farbsignal-Ampel eine kombinierte Farb-Formsignal-Ampel zu gestalten und deren Signal- und Abschirmflächen – und damit die gesamte Ampel – wesentlich zu vergrößern. Mein Vorschlag sah vor, die drei bewährten Signalfarben Rot, Gelb, Grün unverändert beizubehalten, aber deren bisher kreisrunde Signalform zu differenzieren. Drei Farben – drei Formen! Jeder der drei Signalfarben sollte a) eine prägnant andere und b) eine ihre Regelabsicht unterstützende, verhaltenswirksame Form oder Figur zugeordnet werden:

→ dem Rot ein langes, liegendes Rechteck; es intendiert einen Sperrbalken, das heißt das Erlebnis des Nicht-Fahren-Dürfens
→ dem Gelb wie zuvor den gleichen kreisrunden Achtungspunkt

Größenvergleich der Farb-FormAmpel zur herkömmlichen Ampel

→ dem Grün ein langes, aufrechtstehendes Rechteck, oben zugespitzt (für spezielle Links- oder Rechts-Abbiegefälle schräg gestellt); es intendiert durch die Pfeilform Dynamik, das heißt das Erlebnis des Fahren-Dürfens.

Mit dem Zusammenfügen von bewährten Farb- und archetypischen Form- oder Figurmerkmalen wurde für alle Verkehrsteilnehmer eine doppelte und für alle farbsinngestörten Verkehrsteilnehmer erstmals überhaupt eine zuverlässige Informationsmöglichkeit zur Vorfahrtsregelung in Kreuzungsbereichen angeboten. Dabei wäre die Signalform das zuverlässigere Merkmal für die Orientierung der Verkehrsteilnehmer! Die zusätzlich vorgeschlagene Vergrößerung der Signalflächen gestattet daneben auch leichteres und früheres Orientieren vor Kreuzungsbereichen.

Der große finanzielle Änderungsaufwand und die internationalen Konventionen verhinderten die Einführung dieser neuen Kraftverkehrs-Ampel, obwohl mehrere Kraftfahrer-, Verkehrsteilnehmer- und Verkehrsfachleutebefragungen eine nahezu hundertprozentige Zustimmung brachten. Leider hat es bis heute noch keine „Rettungsbewegung" für diese neue Symbolik der Kraftverkehrsampel gegeben, wie sie jetzt den Ampelmännchen zugutekommt.

Wenn aus dem Paket meiner damaligen Ampelvorschläge dieser Vorschlag dennoch vorangestellt wurde, so deshalb, weil er einerseits gedanklich allen anderen vorausging und andererseits die damit gewonnene Informations- und Verhaltensbegünstigung für Verkehrsteilnehmer durch jetzt zwei Informationselemente – Farbe und Form – tragender Urgedanke auch für die Fußgänger-Signalsymbolik wurde. Das heißt, ohne die so kombinierte Farb-Form-Signalsymbolik für den Kraftverkehr wäre es überhaupt nicht zu *diesen* Ampelmännchen gekommen.

Natürlich mußte für Fußgänger, die es getrennt vom Kraftverkehr zu leiten galt und für die es in der DDR noch keine eigenen Lichtsignale gab, zunächst eine angemessene Eigensymbolik gesucht werden, da gleiche Symbole für Kraftfahrer und Fußgänger deren getrennte, phasenverschobene Leitung nicht möglich machen.

Hierbei war auch zu bedenken, daß es für den Fußgängerverkehr keinerlei Teilnahmeeinschränkungen gibt. Im Gegensatz zum Kraftverkehr ist ja die Teilnahme am Fußgängerverkehr ohne jede Alters-, psychophysische Gesundheits- und Leistungseinschränkung und ohne Ausleseprüfungen für jedermann frei. Fußgängersymbole müssen also einen ganz anders zusammengesetzten Personenkreis ansprechen und vorrangig Kinder, alte Menschen und geistig Behinderte berücksichtigen. Diese aber haben eines gemeinsam: ihr Beobachten, Fühlen, Erleben, Denken, Auffassen und Verhalten läuft in der Regel weniger unter abstrakt-formalen, als vielmehr unter anschaulich-konkreten Verarbeitungsmechanismen ab.

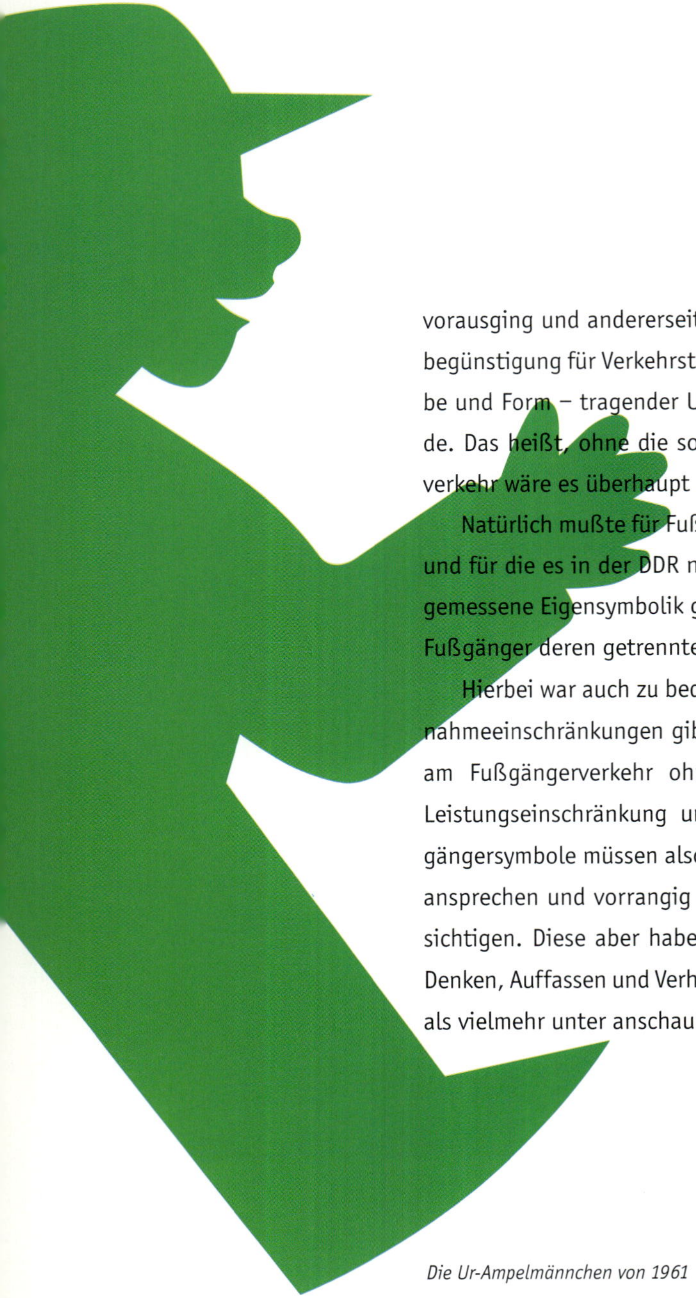

Die Ur-Ampelmännchen von 1961

So kam es, daß ich für die Fußgängersymbolik auf realistisch-anschauliche Männchenschemen zurückgriff, die für jedermann einfühlbar waren, und ihnen die gleichen archetypischen Form- bzw. Figurmerkmale zuordnete, die auch die Farb-Form-Ampel für den Kraftverkehr auszeichnete. Die Männchen sollten also:

- → durch konkret-anschauliche und gemütlich-lustige Figürlichkeit alle Fußgänger ansprechen und die anschauliche Gebundenheit psychischer Erlebens- und Verarbeitungsweisen von Kindern, Alten und geistig Behinderten berücksichtigen,
- → durch dicke, ausgebreitete Arme beim frontal stehenden roten Männchen die Funktion des Sperrbalkens, also die Halt-Forderung unterstützen,
- → durch weit ausschreitende Beine in seitlicher Stellung des grünen Männchens die Funktion des dynamisierenden Pfeils, also die Geh-Erlaubnis unterstützen.

Während auf eine Vorbereitungssymbolik für die Umschaltung von Gehen und Warten (siehe den gelben Achtungspunkt in der Kraftverkehrsampel) aufgrund der gemächlich-ungefährlichen Antriebsart von Fußgängern verzichtet werden kann, wurde besonderer Wert auf psychologische Gestaltungsmerkmale für das „Sich-angesprochen-fühlen“ durch die Symbole gelegt. Bekanntlich erzielen angenommene und gerngesehene Verhaltenssymbole eine höhere Bereitschaft zur Einhaltung ihrer Regelungsabsichten.

Die vorzügliche zeichnerische Umsetzung dieser von mir mit Merkmalsskizzen versehenen psychologisch intendierten Farb-Form-Signalkonzeption für Fußgänger leistete dann, auf meine Bitte hin, meine zeichnerisch hochtalentierte Sekretärin Anneliese Wegner.

Daß diese Fußgängersymbole über den VEB-Leuchtenbau Berlin zum Musterbau als Fußgängerampeln kamen, danach Einzug in technische DDR-Standards des Straßenverkehrs mit gesetzgeberischen Charakter fanden und schließlich auf allen Ampelkreuzungen erschienen, ist vor allem Verdienst des für psychologische Probleme der Verkehrsgestaltung aufgeschlossenen Ingenieurs Siegfried Kirchner, leitender Mitarbeiter in der „Versuchs- und Entwicklungsstelle des Straßenverkehrs der DDR".

Auf dem langen Genehmigungsweg verloren die Männchen zwar ihre ursprünglich mitdargestellten Finger, aber dies nur aus rein ausleuchtungstechnischen Gründen. Daß die Männchen aber auf diesem Wege ihren kecken Hut nicht einbüßten, verblüffte uns sehr. Wir hatten uns ernstlich Sorgen gemacht, daß dieses fröhliche Merkmal als eine kleinbürgerliche Tendenz angesehen würde und ideologische Schwierigkeiten für die Zustimmung bei den staatlichen Stellen auslösen könnte. Aber problemlos durchliefen die Männchen froh und heiter alle staatlichen

Genehmigungsinstanzen. Vielleicht, weil auch die DDR-Repräsentanten zumindest als Sonnenschutz Hut trugen?

Es ist ihre sich vor allem Kindern erschließende lustige Figürlichkeit, die diese Symbolfiguren, angeregt durch Kindergärtner, Lehrer und Eltern und initiiert durch die Hauptabteilung Verkehrspolizei im Ministerium des Innern, dann in den 80er Jahren zum Einsatz in der Verkehrserziehung von Kindern kommen ließ.

Vermutlich liegt es an ihrem besonderen, einer Beschreibung kaum zugänglichen Fluidum von menschlicher Gemütlichkeit und Wärme, wenn sich so viele Menschen von diesen Symbolfiguren der Straße angenehm berührt und angesprochen fühlen und darin ein Stück ehrlicher historischer Identifikation finden, was den Ampelmännchen das Recht zur Repräsentation der positiven Aspekte einer gescheiterten Gesellschaftsordnung gibt.

Verkehrserziehung für Kinder

Margarethe Vierjahn, Dipl. Journalistin

Kinder – sie toben ausgelassen miteinander und vergessen die Welt um sich herum. Sie sind in ihr Spiel vertieft und reagieren spontan. Sie sind eben Kinder – auch im Straßenverkehr.

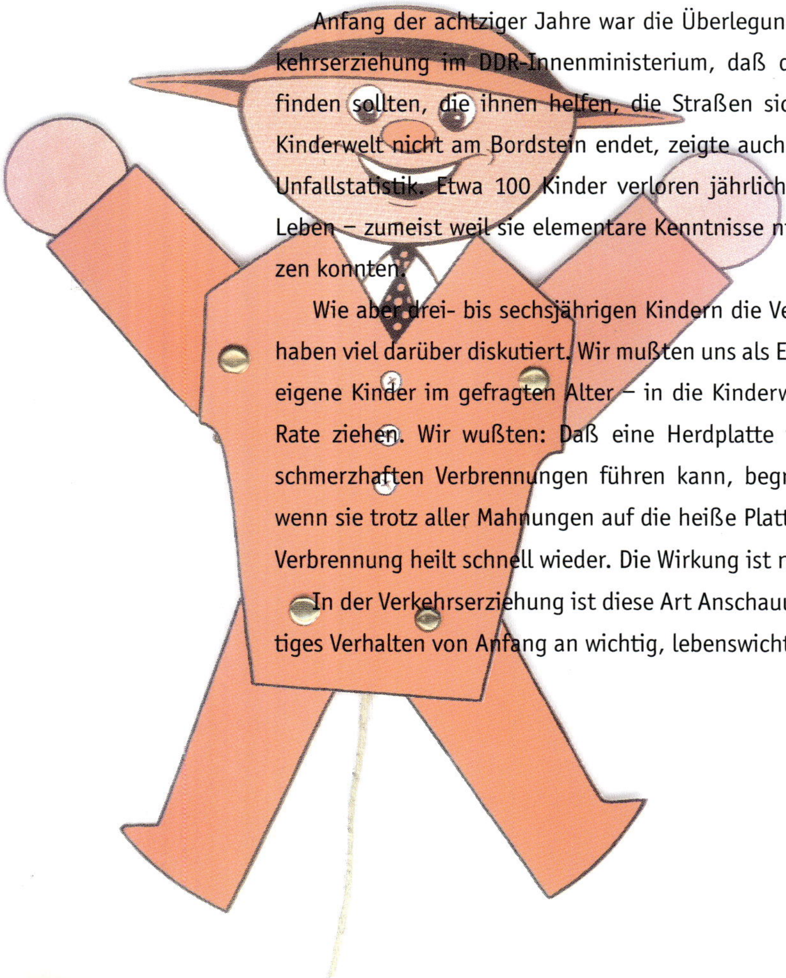

Anfang der achtziger Jahre war die Überlegung der Verantwortlichen für Verkehrserziehung im DDR-Innenministerium, daß die Vorschulkinder die Freunde finden sollten, die ihnen helfen, die Straßen sicherer zu überqueren. Daß die Kinderwelt nicht am Bordstein endet, zeigte auch damals bereits ein Blick in die Unfallstatistik. Etwa 100 Kinder verloren jährlich auf ostdeutschen Straßen ihr Leben – zumeist weil sie elementare Kenntnisse nicht in eigenes Handeln umsetzen konnten.

Wie aber drei- bis sechsjährigen Kindern die Verkehrsregeln nahebringen? Wir haben viel darüber diskutiert. Wir mußten uns als Erwachsene – zumeist hatten wir eigene Kinder im gefragten Alter – in die Kinderwelt hineindenken, Experten zu Rate ziehen. Wir wußten: Daß eine Herdplatte in der Küche heiß ist und zu schmerzhaften Verbrennungen führen kann, begreifen Kinder spätestens dann, wenn sie trotz aller Mahnungen auf die heiße Platte gefaßt haben. So eine kleine Verbrennung heilt schnell wieder. Die Wirkung ist nachhaltig.

In der Verkehrserziehung ist diese Art Anschauung nicht möglich. Hier ist richtiges Verhalten von Anfang an wichtig, lebenswichtig.

Schulkinder bis zu 10 Jahren bekamen für ihre guten Kenntnisse über das Verkehrsverhalten die „Goldene Eins“. Vorschulkinder sind nicht in der Lage, die Rolle einer Eins zu begreifen. Sie mußten spielend lernen. Wir kamen auf die Idee, die beiden Figuren aus der Fußgängerampel zu beleben und als Ratgeber und Helfer einzusetzen – sozusagen als erste Stufe eines Programms, das die Kinder vom Vorschulalter bis zum Erwachsenwerden begleiten sollte. Mit einer großen Pressekampagne wurden die „Ampelmännchen“ offiziell eingeführt. Zugleich stellten wir gemeinsam mit den DEFA-Produzenten die „Verkehrskompaß-Filme für Kinder“ vor.

Die Ampelmännchen sollten auch dort wirken, wo keine Verkehrsampel stand, und so wurden Bildfolgen oder Bildgeschichten erfunden, in denen der rote Ampelmann immer bei Gefahren in Erscheinung trat, während der Grüne Ratgeber für die Kinder war. Gemeinsam mit der Buchredaktion des Verlages „Junge Welt“ wurden Spiele mit den Ampelmännchen entwickelt. Geschichten mit den beiden begleiteten die Kinder in Rundfunksendungen. Den großen Popularitätsschub bekamen die sympathischen Ampelfiguren aber mit den Abendgrußfilmen, die Regisseur Friedrich Rochow drehte.

Schade, daß der rote und der grüne Ampelmann als lebendige Verkehrszeichenfiguren

heute keine Rolle mehr spielen. Wenn sich Psychologen der Sache annehmen würden, müßten sie zu ähnlichen Ergebnissen kommen wie wir seinerzeit: Die sympathischen Figuren aus der Verkehrsampel sind für Vorschulkinder die Leitfiguren für richtiges Verhalten im Straßenverkehr. Das ist angesichts der Entwicklung auf den Straßen notwendiger denn je. Ein Blick in die gegenwärtige Unfallstatistik bestätigt dies: In der Bundesrepublik sterben an den Folgen von Verkehrsunfällen jährlich mehr als 400 Kinder! Genug zu tun für das rote und das grüne Ampelmännchen!

GRÜN UND ROT

Hallo, Kinder, hört mal her!
Seid ihr sicher im Verkehr?
Könnt ihr denn schon diese beiden
in der Ampel unterscheiden?

Was, ihr habt noch nie gehört,
wie man Straßen überquert?
Wißt ihr, wer euch helfen kann?
Ich, der grüne Ampelmann!

Ist mein grünes Licht zu sehn,
könnt ihr sicher rübergehn.
Seht ihr meinen Freund in Rot,
heißt das immer: Gehverbot!

Ja, wir sind stets hilfsbereit,
sorgen für die Sicherheit,
um euch alle vor Gefahren
auf den Straßen zu bewahren.

Deshalb schaut die beiden an,
rät der grüne Ampelmann.
Freundlich zieh ich meinen Hut.
Geht, macht eure Sache gut.

Nils Werner

Stiefelchen und Kompaßkalle

Friedrich Rochow, Regisseur

Ein bescheidenes DIN-A5-Blatt mit dem Kopfbogen des Ministeriums des Innern, HA Verkehrspolizei, erreichte 1982 das DEFA-Studio für Dokumentarfilme, Betriebsteil Babelsberg. Ich erinnere mich an den lakonischen Satz: „... beauftragen wir Sie, eine kindgemäße Serie für Vorschul- und Unterstufenkinder herzustellen, die monatlich einmal im *Sandmännchen* des DDR-Fernsehens ausgestrahlt werden soll." Mein Chef überreichte mir dieses Blatt Papier mit der Bemerkung: „Laß Dir was einfallen – Termin: gestern!"

Als Regisseur gehörte ich seit 1968 zu den Gründern der Serie *Verkehrskompaß*, eine Auftragsproduktion des MdI, gesendet mehrmals wöchentlich im DDR-Fernsehen. Bis 1982 hatte ich etwa 300 Sendungen geschrieben und inszeniert – querbeet durch die StVO, darunter nicht wenige zum Thema *Richtiges Verhalten der Kinder im Straßenverkehr*. Bis dahin wandte sich jedoch jeder Beitrag des Verkehrskompaß immer an die Erwachsenen. So auch bei Themen, die das Verhalten der Kinder auf der Straße erläuterten. Mit dem neuen Auftrag von 1982 war das anders: wir sollten uns *kindgemäß* an die kleinen Verkehrsteilnehmer selbst wenden. Und das in einem vorgegebenen Zeitlimit von ca. vier bis fünf Minuten je

Film. Es mußten also kleine Geschichten sein, die Kinder zwischen fünf und acht Lebensjahren täglich erleben, in denen sie sich wiedererkennen.

Besonders auf die *magische Linie* galt es aufmerksam zu machen, die der Erwachsene Gehwegkante nennt und die den geschützten Fußweg von der Fahrbahn trennt. (Kalle: „Mit dem Hund der Tante geht er jetzt zur Gehwegkante.")

Beschleunigung der Fahrzeuge, ihre Masse, Fliehkräfte in den Kurven, Haftreibung und Bremskräfte bei unterschiedlichen Wetterbedingungen – das sind Kenntnisse, von denen ich bei den erwachsenen Verkehrsteilnehmern ausgehen konnte. Den Spielregeln der StVO zu folgen setzt in etwa den Abschluß der 10. Klasse voraus. Doch unsere künftigen Zuschauer warteten erst auf den Schulbeginn oder konnten auf ein oder zwei Schuljahre zurückblicken. Was sollte man also machen, und vor allem wie?

Jedes Kochrezept beginnt mit dem bekannten Satz: „Man nehme ...!" Auf diese Weise begriff ich mich mit dem mir erteilten Auftrag sozusagen als Organisator der Zutaten, mit denen eine solche Filmserie ausgestattet sein muß.

Zunächst ging es um die Inhalte, die unseren Kinderzuschauern nahezubringen waren. Ich besprach mit meinem Freund und Kollegen Rolf Wieczorek, der seine Doktorarbeit über Straßenverkehrsunfälle mit Kindern geschrieben und über 2000 Verkehrsunfälle analysiert hatte, Konzeptionen für jeden unserer kleinen Filme.
Dann brauchten wir eine künstlerische Idee – die kindgemäße Geschichte. Die

konnte uns nur ein Autor mit entsprechenden Erfahrungen liefern. Deshalb wandte ich mich an den Kinderbuchverlag, erhielt freundliche Empfehlungen für Autoren und bei den Angesprochenen ebenso freundliche Hinweise auf Terminschwierigkeiten. Die Zeit drückte.

Ich stand mit meinem Auto vor der geschlossenen Bahnschranke in meinem Wohnort in der Nähe von Potsdam. Ein Zug nach dem anderen kam. Da entdeckte ich in dem vor mir stehenden Wagen einen ehemaligen Nachbarn, den Kinderbuchautor Nils Werner. Mit ihm hatte ich schon vor Jahren manchen vergnüglichen Dämmerschoppen genommen und einige seiner entzückenden Kinderbücher gelesen. Den Mann schickt mir der Himmel, dachte ich, und nach zwei Stunden in meinem Garten versprach er mir, über mein Anliegen nachzudenken.

Ein Mädchen, das gerade in die Schule kommt, das *Stiefelchen*. Sie trägt immer kleine gelbe Stiefel. Ein Junge, ein Freund aus dem Nachbarhaus, der schon in der 2. Klasse ist, toll im Straßenverkehr Bescheid weiß, und den wir in aller Bescheidenheit *Kompaßkalle* nannten. Und da nach einer alten pädagogischen Weisheit niemals Kinder andere Kinder belehren sollten, schlug Nils Werner eine Lernfigur vor: den Hund *Wuffi*. Wuffi gehört Kalles Tante und freut sich, wenn er mit Kalle und Stiefelchen Gassi gehen darf. Dabei macht Wuffi oft das, was Kinder im Straßenverkehr in Gefahr bringt: auf der anderen Straßenseite erblickt er plötzlich einen Freund und will – ohne nach links und rechts zu schauen – über die Fahrbahn. Bremsen quietschen. Das Bild hält an. Im Film geht das. Was nun?

Wieczorek hatte herausgefunden, daß Kinder in diesem Alter von allen Verkehrszeichen den grünen und roten Ampelmann am besten kennen.

In der Spinnstunde mit Nils Werner war nun die Geburtsminute der filmbewegten Ampelmännchen gekommen. Diese Verkehrszeichenfiguren sollten – dramaturgisch gesehen – die besten Freunde unserer drei Helden werden.

In der Geschichte des Films und des Fernsehens gab es bereits Beispiele dafür, Trickfiguren – auch Zeichentrick – in ein Realbild einzubeziehen.

Der grüne Ampelmann tritt immer dann auf, wenn unseren kleinen Helden Zusammenhänge im Straßenverkehr erläutert werden sollen, und der rote Ampelmann hilft, entstandene Gefahren zu bannen: „Halt, mein Junge, halte an, ruft der rote Ampelmann."

Damit hatten Nils Werner und ich alle wichtigen dramaturgischen Zutaten verabredet, und er begann unsere Geschichten zu schreiben. Ich mußte jetzt filmisch-handwerkliche Lösungen suchen. Das Hauptproblem sah ich darin, die Figuren

grüner und *roter Ampelmann* zu animieren – sprich: zu beleben, ihnen filmisches Leben einzuhauchen. Dazu beriet ich mich mit einem langjährigen Kollegen, dem Trickkameramann Bernd Blum. Wenn wir im Verkehrskompaß grafische Tricks einbeziehen wollten, war er immer mit überzeugenden Vorschlägen zur Stelle.

Das Problem, Realbild mit Zeichentrickbild zu kombinieren, um am Schluß einen Filmstreifen zu erhalten, in dem beide Elemente sinnvoll miteinander funktionieren, war für uns neu. Technisch war die Aufgabe über eine sogenannte Trickspur zu lösen. Man benötigte dazu jedoch ein besonders farbsensibles Filmmaterial, das es nur „im Westen" gab und für uns unerreichbar war. Wir hatten nur ORWO.

Wie in vielen anderen Bereichen der Wirtschaft auch war nun das spezifische Improvisationstalent des DDR-Bürgers gefragt. Und darüber verfügte Bernd Blum in erfreulichem Maße. Er belichtete seine ORWO-Filmstreifen mit den Ampelmännern abweichend von der Norm, und die Fachleute im Kopierwerk behandelten das neue Negativ im Positiventwickler. Hätte Bernd Blum nicht die Fähigkeit gehabt, allen Notlösungen sinnvolle Ergebnisse abzuringen, hätten niemals die sympathischen Ampelmännchen unseren Helden gemeinsam in *einem* Bild helfen können.

Als wir dann später das begehrte „Westfilmmaterial" (Eastman-Color) in Hülle und Fülle hätten verarbeiten können, um farblich noch brillanteren Ampelmännchen Leben einzuhauchen, erschien mediale Verkehrserziehung „made in DDR" den Nachfolgesendern des DFF geradezu als Zumutung. Ohne jegliches Mandat habe ich in der Wende versucht, die Weiterführung der Stiefelchen-Serie zu erreichen. Ich habe Klinken im Bundesverkehrsministerium und im noblen Verkehrssicherheitsrat und beim *7. Sinn*-Produzenten geputzt. Ich war so naiv zu glauben, wenn die beiden deutschen Teilstaaten sich vereinigen, dann könnten auch die besten Medien in Sachen Verkehrssicherheit zusammengefügt werden. Auf die Idee, daß ich im marktwirtschaftlichen Sinn ein Konkurrent war, den es auszuschalten galt, kam ich damals nicht! Jetzt weiß ich es. Doch zurück zu unseren Ampelmännchen.

Um die aus den Fußgängerampeln bekannten Figuren in Bewegung zu bringen, bedurfte es eines Trickfilmzeichners. Den fanden wir in Peter Hennicke. Seine Entwürfe trafen bei uns sofort ins Schwarze. Zuerst entwarf und zeichnete er Vor- und Abspann, später Tausende von Trickfolien. In Einzelbildern aufgenommen, konnten unsere beiden Ampelmänner dann laufen und mit unseren Realhelden sprechen und spielen. Der dramaturgische „Bauplan“ stand nun also, die filmtechnischen Lösungen waren mit den bescheidenen Mitteln möglich. Aber eine

wichtige Zutat fehlte noch: die Musik! Wenn in der DDR das Wort Musik für Kinder fiel, war der Name Reinhard Lakomy nicht weit. Ich telefonierte mit Laky, wir trafen uns. Als er vom Auftraggeber Verkehrspolizei erfuhr, leuchteten seine Augen. Laky war schon damals Liebhaber schneller West-Autos, was er sich durch seine West-Tantiemen leisten konnte. Ich ahnte den kausalen Zusammenhang nicht, als ich beim Auftraggeber den Namen des Komponisten nannte. Die damalige „Ober-Weiße-Maus“, General Mally, signalisierte freudige Zustimmung mit der Begründung, daß seine Kinder Lakys Musik sehr mögen – und außerdem sei er ein intimer Kenner von Lakys „Stempelkarte“.

Jedenfalls hat Laky vom ersten bis zum letzten der über achtzig kleinen Filme jedem einzelnen entzückende musikalische Figuren und Farben beigefügt.

Unser Filmhund Wuffi mußte sich im Laufe der Jahre an drei verschiedene Kameraleute gewöhnen, was ihm nicht allzu schwerfiel, weil er sein „Leckerli“ als Dankeschön für darstellerische Leistungen stets aus Richtung Kamera erhielt.

Unsere Kameraleute waren Hans Borrmann, Siegfried Oschatz und Cord Cordes. Sie prägten die Bildsprache dieser Serie. Die beherrschende Anforderung war, viele Sequenzen aus der Hand zu drehen, weil so die Dynamik des Straßenverkehrs aus Kindersicht am sinnfälligsten erzählt werden konnte.

Mit viel Fingerspitzengefühl hat unser Produktionsleiter Dietmar Hildebrandt alle komplizierten organisatorischen Belange der Serie in den Griff bekommen.

Fast nebenbei haben wir besonders in den Sommerferien PR-Arbeit gemacht. Mit einigen unserer Filme (der Vorzug der 35-mm-Produktion) sind wir zum Beispiel in den über 1000 Plätze fassenden Steinsaal des Dresdener Hygienemuseums gegangen, wo wir sie den Ferienkindern auf der großen Leinwand zeigten und die Originaldarsteller – auch Wuffi natürlich – auf der Bühne vorstellten.

An Publizität hatten wir keinen Mangel. Neben dem sogenannten *Montagsabendfilm* hatte das *Sandmännchen*, in dem unsere Serie monatlich einmal gesendet wurde, im DDR-Fernsehen die höchsten Einschaltquoten.

Als ich einmal in einem Veteranenclub mit einigen Filmen des Verkehrskompaß eine Veranstaltung für die „Alten" durchführte, erwähnte ich, daß wir auch für die Kleinsten im *Sandmännchen* Verkehrserziehung betreiben und daß die anwesenden Omis und Opas dies sicher nicht kennen würden. Ein Sturm des Protestes erhob sich. Ganz sicher kenne man die Stiefelchen-Serie, man schaue sich doch gern mit dem Enkelchen den Sandmann im Fernsehen an. Ach, und die beiden Ampelmännchen seien so sympathische Kerle, die die Kinder in ihr Herz geschlossen hätten!

Regisseur Friedrich Rochow mit seinen kleinen Helden

Auch international fanden unsere *bewegten* Ampelmänner großes Interesse. Bereits 1984 verlieh uns die Jury des Festivals für verkehrserzieherische Filme in Karlovy Vary den *Sonderpreis der Jury* und den *Hauptpreis für das Gesamtschaffen*.

Kein geringerer als der Schauspieler Klaus Piontek vom Deutschen Theater Berlin sprach fortan die Verse aus der Feder Nils Werners: „... Ich, der grüne Ampelmann, bin ein Freund , der helfen kann. Aber auch mein Freund in Rot hilft euch aus so mancher Not." Als diese Worte mit dem zum Filmleben erweckten Verkehrszeichen 1982 erstmals ihr Publikum erreichten, ahnten wir nicht, welch große Popularität diese Figuren und diese Serie gewinnen würde.

Sozusagen ein Nebeneffekt dieser TV-Serie war, daß erstmals ein symbolisches Verkehrszeichen personifiziert und bewegt wurde. Die beiden freundlichen, hilfsbereiten Ampelmänner mit ihrem Hut wurden zu Sympathieträgern mehrerer Generationen von Kindern, Eltern – und wie wir sahen – auch Großeltern.

Unsere Realhelden – Stiefelchen, Kalle und Wuffi – und vor allem die Ampelmänner kannte fast jeder DDR-Bürger als Freunde seiner Kinder und als Ratgeber für sicheres Verhalten im Straßenverkehr. Kein Mensch in der DDR wäre auf die Idee gekommen, dieses Verkehrszeichen zu entfernen und damit auch seine zum Filmleben erweckten Helden sterben zu lassen. Aber genausowenig hätte man sie zur Kultfigur erklärt. Den Status der Kultfigur erlangte der Ampelmann erst, als man begann, in den Neuen Bundesländern den „DDR-Ampelmann" durch altbundesrepublikanische Zeichen zu ersetzen. Seit 1961 kannte der DDR-Verkehrsteilnehmer die lustige Figur von der Fußgängerampel, und seit 1982 spielte sie sich in die Herzen von Kindern und Eltern. Und auf einmal mußte der kleine Kerl weg. Er war eben ein DDR-Relikt. Diejenigen, die dies veranlaßten, können sich nicht vorstellen, daß Millionen Zuschauer in der DDR diese Figuren in ihr Herz schlossen, mit ihnen bangten, lachten, dem Weinen nahe waren oder glücklich, weil alles noch einmal gut ausging!

Wie rät am Schluß der grüne Ampelmann? „Lernt wie Wuff, der kleine Hund, paßt schön auf und bleibt gesund!"

Wer es also so gut und freundlich mit seinen kleinen Freunden am Bildschirm meint, wird – wenn er von Bildschirm und Ampel gehen muß – zur Kultfigur!

Vom VEB zur GmbH

Dipl.-Ing. oec. Joachim Roßberg

Was in den 60er Jahren im Weltmaßstab geschah und als „wachsendes Verkehrsaufkommen" bezeichnet wurde, vollzog – natürlich auf ihre spezifische Weise – auch die DDR mit: in zunehmender Anzahl rollten Trabant und Wartburg, Lada und Wolga, Skoda und Dacia über die Straßen. Folgerichtig wuchs der Bedarf an Verkehrsampeln, den der damalige Hersteller, ein Thüringer Leuchtenbetrieb, nicht mehr decken konnte. Für solche Fälle gab es in der Planwirtschaft Wirtschaftsräte, deren Rat nicht unbedingt gefragt war, die aber genehmigen mußten, was produziert werden durfte. So genehmigten denn die Wirtschaftsräte der Bezirke Gera und Karl-Marx-Stadt die Fertigung von Ampeln in einem Privatunternehmen in Wildenfels. Das wurde Anfang der siebziger Jahre verstaatlicht, aber weiterhin produzierten wir die Verkehrsampeln, bald auch im Baukastensystem.

Im Herbst 1973 kamen Vertreter der BEWAG Berlin, der späteren VEB Bezirksdirektion Straßenwesen, nach Wildenfels und legten mir, als amtierendem Betriebsdirektor, Skizzen mit Symbolen für Verkehrsampeln vor, darunter auch die Ampelmännchen. Für diese Männchen suchten sie eine Produktionsstätte. Von den Berlinern im Werkzeugbau unterstützt, wurden die ersten Ampelmännchen-Metallschablonen im VEB Signaltechnik Wildenfels gefertigt. Sie lösten die Vorgängermännchen – eine qualitativ minderwertige Abziehbildvariante – ab. Schon bald reichten die Kapazitäten nicht mehr aus, Teile wurden bei privaten Handwerkern in Auftrag gegeben und zugeliefert.

Wenn ich auf unsere Produktionsgeschichte zurückschaue, fallen mir zuallererst die endlosen Probleme bei der Materialbeschaffung ein. Ohne die berühmt-berüchtigten Tauschgeschäfte wäre manche Kreuzung ampellos geblieben. Ich erinnere mich an ein solches Geschäft, bei dem sich am Ende einer langen Tauschkette palettenweise Joghurt in meinem Lada-Kofferraum stapelte. Und nicht nur das, die Becher fingen schon an zu platzen. Da meine Mitarbeiter gar nicht soviel Joghurt essen konnten, verteilte ich sie in Zwickauer Betrieben.

Auch das sogenannte Konsumgüterprogramm ging nicht spurlos an uns vorbei. Nach Meinung Honeckers mußte die Bevölkerung der DDR besser mit Konsumgütern versorgt werden, deshalb wurden nun beim Braunkohlentagebau Plüschtiere, beim Jagdwaffenhersteller Mopeds, beim Sargtischler Möbel hergestellt – und einer unserer Zulieferer sollte nicht mehr Ampelreflektoren, sondern Wohnraumleuchten bauen.

Was war die sozialistische Planwirtschaft ohne Beziehungen? Sollte es weitergehen, mußte man die spielen lassen.

Es war streng untersagt, Probleme wie dieses unter Umgehung der Kombinatsdirektoren direkt ans Ministerium zu melden. Als LDPD-Mitglied trug ich dem *Parteivorsitzenden* unsere Misere vor, der gab dem *Staatssekretär für bezirksgeleitete Industrie* Bescheid, dieser wiederum beorderte die *Wirtschaftsräte* sowie die

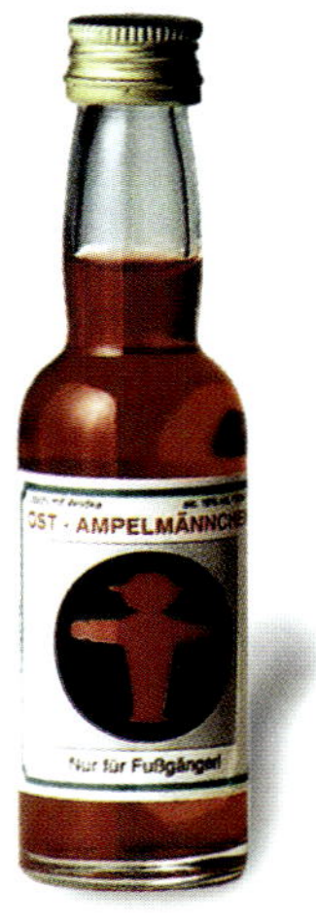

Kombinatsdirektoren – und mich – nach Berlin, und was auf dem Amtswege Jahre gedauert hätte, vermutlich aber einfach versandet wäre, wurde in plauschiger Runde, in der ich als einziges Nicht-SED-Mitglied gesiezt wurde, schnell geklärt. Wir konnten weiterhin Ampeln bauen! Ob der dadurch entstandene Mangel an Wohnraumleuchten wesentlich zum Untergang der DDR beigetragen hat, entzieht sich meiner Kenntnis.

Nach den Kämpfen um Materialbeschaffung und reibungslose Produktionsabläufe im Sozialismus kamen nach der Wende die Kämpfe um die Absatzmärkte. Der VEB Signaltechnik wurde schon 1990 privatisiert. Doch wie viele andere ostdeutsche Unternehmen verlor auch dieser Betrieb nach der Wiedervereinigung seine Kunden. Die ostdeutschen Kommunen kauften aus den Hochglanzprospekten des Westens. Natürlich auch die mageren Westampelmännchen.

Der Mann mit Hut und Energie war nicht mehr gefragt. 1995 begann langsam die Blockade der Länder zu bröckeln. Aus der *Signaltechnik Roßberg GmbH Wildenfels* laufen wieder die Geher und Steher in die Ampeln. Sie laufen nicht nur Richtung Osten, auch im Westen hat man – wenn auch vorerst verhalten – den besseren Ampelmann für das Straßenwesen erkannt.

Die Gallier aus Thüringen

von Maria König, Stadtarchivarin

Was heute eine Touristenattraktion ist, fing Anfang der 80er Jahre als Spaß an: Ein offensichtlich humorvoller Monteur schnitt in einer verregneten Mittagspause dem in der Metallschablone gehenden Ampelmännchen einen Regenschirm über den Kopf. Da diese Ausschmückung nicht nur bei seinen Kollegen gut ankam, wurde fortan die Fußgängerampel in der Nähe des Wanderparkplatzes mit einem Wanderer verziert, vorm Theater lief ein Intellektueller mit Fliege vorbei, das Funkhaus bekam einen Kameramann, und der Eissalon wollte einen Eismann haben.

Auch vom unpersönlicheren Euro-Mann ließen sich die Erfurter nicht beeindrucken. Genausowenig wie von einer Bäckerin, die sich über die Straßenbau-Behinderung vor ihrem Laden beschwerte. Jener Monteur hatte seine eigene Antwort: Der gelungene Bäckergeselle in der neuen Ampel versöhnte alle und leuchtet seither die morgendlichen Kunden zielsicher zu ihrer Brötchen-Quelle.

Nach der Wende wurde aus dem reinen Spaß eine medienwirksame Werbung für das aussterbende Ost-Männchen. Mit List und Humor wehrten sich die Erfurter Stadtbeleuchter mit Rückenwind aus der Bevölkerung gegen die Abwicklung ihrer beliebten Ampelsymbole.

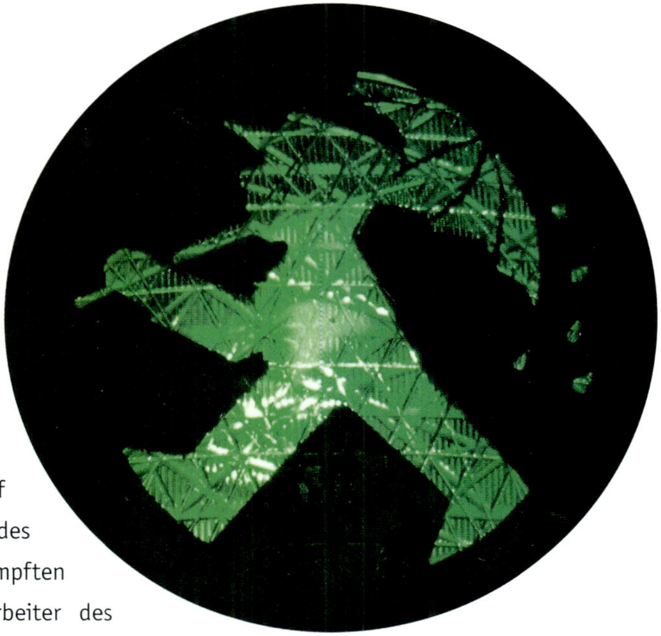

Hinter den Kulissen wurde jedoch ernsthaft verhandelt. Mit belegbaren technischen Argumenten und genau durchleuchteter StVO, die auf Straßen der Kommune nicht die Verwendung des Euro-Neutrums vorschreibt, kämpften die zuständigen Mitarbeiter des Amtes für Verkehrswesen mit dem Ministerium. Das ließ sich überzeugen, und der Weg war frei für die alte neue Knollennase mit Hut. Dafür sollten jedoch die Eigenkreationen aus den Ampeln der Thüringer Landeshauptstadt entfernt werden. Doch ein Sturm der Entrüstung in der Bevölkerung erweichte sogar die Herzen der obersten Behörde.

Seitdem ist der Ball wieder rund, nicht nur im Steigerwald-Stadion, sondern auch davor in der Ampel. Ob allerdings der geplante Weihnachtsmann mit Bart und Mütze kommt, bleibt fraglich.

Der Erneuerungsprozeß einer Gesellschaft

Dr. phil. Friedrich Meschede

Die Ampelleuchten beispielsweise, die den Unterschied zwischen dem einen und dem anderen Deutschland in einer signifikant anderen Darstellung der Symbole für „Gehen" und „Warten" zum Ausdruck gebracht haben, werden unvermittelt zur Metapher eines umfassenden Prozesses. Ampeln bestimmen das Stadtbild, ihre Symbole begegnen dem Passanten buchstäblich an jeder Ecke, so daß ihr Bild zu einem Teil des täglichen Lebens wird. Diese Ampellichter werden nun erneuert, und damit wurde das andere Zeichen eingeführt, das bisher nur die Sehgewohnheit des anderen Teils der Republik geprägt hat. Es mag zahlreiche Gründe geben, die Erneuerung aller Ampelanlagen zu rechtfertigen, Überlegungen der neuen technischen Möglichkeiten und die Kalkulation, daraus ein ungeahntes Geschäft zu machen. Was bleibt, ist aber die Erkenntnis, daß plötzlich andere Bilder das Leben leiten, ein anderes Erscheinungsbild die Veränderungen verkündet, an jeder Straßenecke. Und die Ampelleuchten ihrerseits sind nur ein Beispiel dafür, ähnlich geht es den anderen Verkehrsschildern, die nun nach anderer HKS-Norm gedruckt wurden.

Der Erneuerungsprozeß einer Gesellschaft, der politische Einigungsvorgang zweier Systeme ereignet sich außerhalb der politischen Ebene, in einem neuen Erscheinungsbild der urbanen Umwelt: es ist das Prinzip der „corporate identity", wie es die Design-Sprache entwickelt hat. Alles wird dem neuen Firmenzeichen unterworfen und damit Ausdruck einer bestimmten hierarchischen Ordnung.

Ein unerbittlicher Abwicklungsmechanismus mit westdeutscher Gründlichkeit. Die Penetranz, mit der nach der Vereinigung die Straßennamen und -schilder (nur weil sie in einem anderen Schrifttyp geschrieben waren), die Verkehrszeichen und Alltagsgegenstände der DDR demontiert und ausgetauscht worden sind, enthüllt die negative Verwandtschaft der beiden deutschen Staaten.

Eckhart Gillen

Auszüge aus der Eröffnungsrede (bzw. Katalog) zur Ausstellung „Vorrang 1995" im ehemaligen Haus der Offiziere, Potsdam, von Eleonore Straub und Günter Haring.

Offiziell und digital: der Ampelmännchen-Font des FontShop

Ampelmän goes digital

Jürgen Siebert, Visuelle Kommunikation

Eine der erste Ampelmännchen-Solidaritätsaktionen startete das Berliner Softwarehaus FontShop im Frühjahr '95.

„Häuserabriß, Straßenumbenennung, Schildersturm – die Menschen in der Hauptstadt und anderswo haben die Vereinnahmungspolitik langsam satt", faßte Marketingleiter Jürgen Siebert die Stimmung damals zusammen.

Das Unternehmen digitalisierte die beiden Ampelkobolde und verteilte sie unter dem Slogan *Rettet das Ampelmännchen* zu Tausenden kostenlos via Diskette und Internet an Computeranwender. Damit auch Laien mit den beiden Figuren Drucksachen erstellen konnten, beauftragte FontShop den holländischen Schriftenentwerfer Lucas de Groot, die Figuren in einen leicht zu installierenden Computerfont einzubauen.

Für FontShop war die Verbreitung des „Solidaritätsfonts" kein Beitrag zur Ostalgie, sondern ein politisches und grafisches Statement „sowie ein mächtiges Werkzeug für die vielen Ampelmännchenfreunde im Land", die auf Postern, Karten, Aufklebern und in Zeitschriften für das sympathische Ost-Ampelmännchen werben

Grafik-Designer entwickelten die Figuren weiter, zum Beispiel für Geschenkaufkleber.

können. „Der stupsnasige Wichtel erzeugt bei Kindern, aber auch bei Erwachsenen eine größere Akzeptanz als der steife DIN-Strichmann“, bestätigt der Westberliner Informationsdesigner Erik Spiekermann. Der Ostberliner Grafiker Detlef Fiedler bescheinigt seinen ehemaligen Lehrmeistern: „Das konnten die einfach besser im Osten.“

Die Resonanz auf den Ampelmännchen-Font war enorm. Viele Gestalter schickten aufmunternde Kommentare und entwarfen Drucksachen mit den Figuren – wie das Ampelmädchen oder, passend zur Weihnachtszeit, zwei Aufkleber mit den beiden Männlein im Schnee.

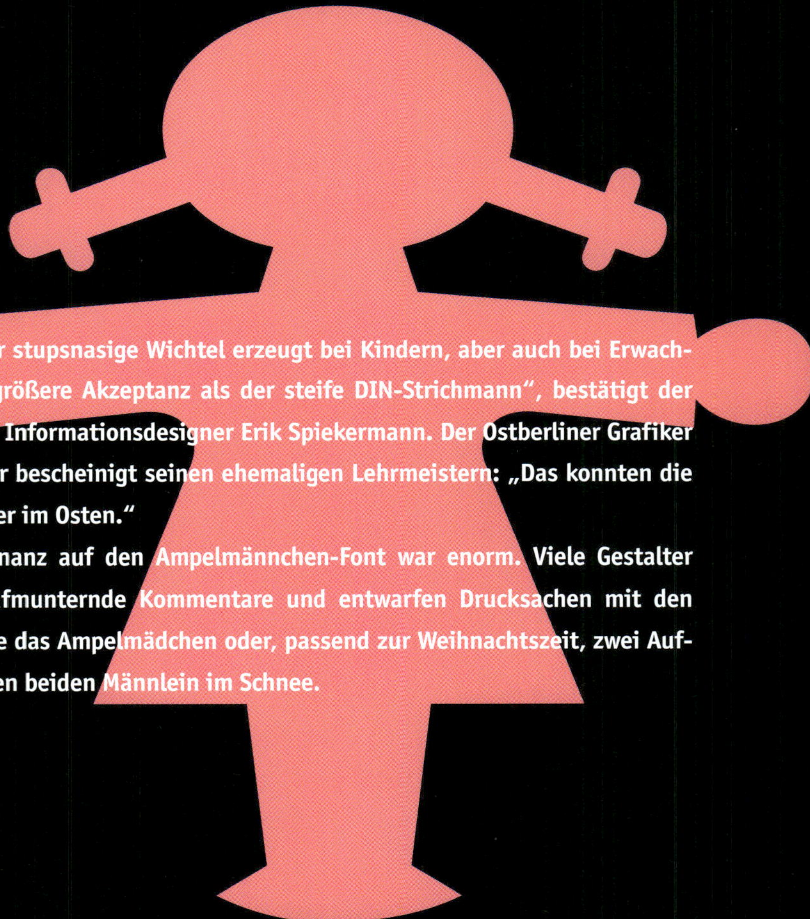

Der Grafiker Hans-Jürgen Ellenberger schuf zum Ampelmännchen das Ampelmädchen.

Ampelmännchen im zweiten Frühling

Markus Heckhausen, Dipl. Industrie Designer

Das erste Mal erheiterten sie mich in den 80er Jahren bei meinen DDR-Besuchen. Das zweite Mal munterten sie mich wieder auf, als ich 1995 auf der Suche nach neuen Design-Aufgaben durch die Straßen eines für mich noch fremden Berlins ging. An vielen Kreuzungen leuchteten sie noch, wie treue Helfer, und sie wurden um so menschlicher, wenn sie – durch Erschütterungen leicht verdreht – nach vorne geneigt immer schneller liefen, nach hinten geneigt aussahen, als ob sie auf einer Bananenschale ausrutschten. Oder mich mit schiefgeneigtem Kopf ein wenig mitleidheischend ansahen.

Und jetzt sollte der tapfer beschrittene Weg des Männchens nach dreißig treuen Dienstjahren auf dem Müll enden? Ein typisch deutsches Schicksal: Kaum gibt es einmal eine charaktervolle, humorvolle, sinnliche Figur im öffentlichen Alltag, da soll sie auch schon wieder weg. Zugunsten eines ausdruckslosen, DIN-genormten Strichmännchens, das mit dem Charme miteinander verbundener Balken daherstelzt und seine Arme so streng an die Hosennaht klemmt, als habe ihm jemand den Befehl erteilt.

Den allmächtigen „Abwicklern" jeglicher DDR-erinnernder Symbole war hier ein verhängnisvoller Kunstfehler unterlaufen: Das Männchen des ehemaligen Klassenfeindes nämlich erweckte einfach die Sympathie bei den Menschen, egal ob Ost oder West, ob Süd oder Nord!

Vorrangig durch seine kindliche Gestalt mit großem Kopf und kurzen Beinen, mit denen es unter Einsatz all seiner Kräfte unseren Weg über die Straße vorangeht. Der breitbackige Rote, der trotz seines Tropenhelmes irgendwie an einen Pfarrer erinnert, breitet seine Arme

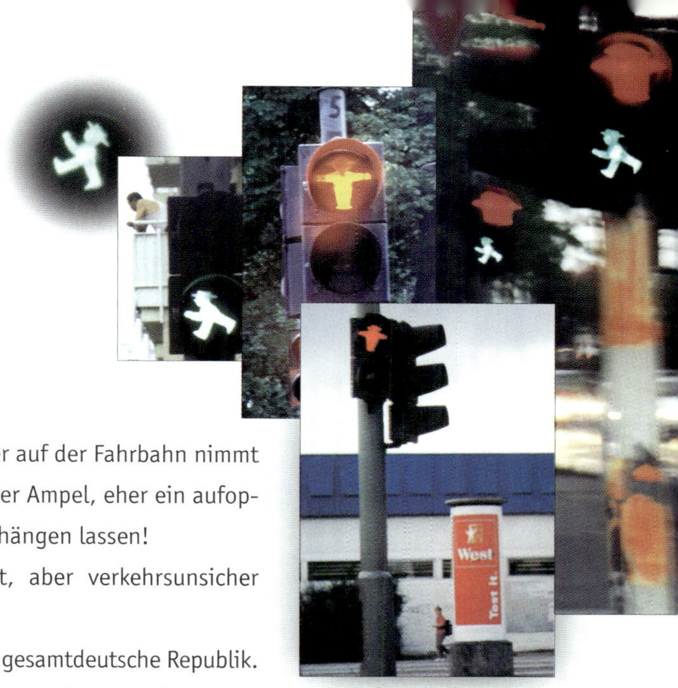

aus, als wolle er die ganze Welt umarmen. Die Nachzügler auf der Fahrbahn nimmt er so in Empfang. Nein, nicht als fauler Typ stand er in der Ampel, eher ein aufopferungsvoller Freund – und den wollte man nicht länger hängen lassen!

Stasi-vorbelastet? Asbestverseucht? Das nun nicht, aber verkehrsunsicher sollten sie sein!

Denn noch mehr DDR vertrug sie schließlich nicht, die gesamtdeutsche Republik. Hatte man nicht gerade erst den *grünen Pfeil* wieder zugelassen? Dieser war zunächst „abgewickelt“ worden, obwohl er in den USA und anderen Ländern schon lange funktioniert. Immerhin, jahrelange Bonner Forschungen bescheinigten ihm schließlich in zentimeterdicken Auswertungsberichten tatsächlich Westtauglichkeit.

Wirklich überfordert waren die Fachbereichsleiter der Kommunen, die den Vereinigungswirrwarr kaum noch durchschauen konnten. Immerhin, als ihnen durch erste Berichterstattung in den Medien Böses schwante, übten sich alle in Diplomatie: „Wir können dabei nicht auf Ampelmännchen Rücksicht nehmen, Einheit heißt auch, einheitliche Ampeln zu bauen.“ (Konstantin Wardakas, Leiter des Referats technische Steuerung in: BILD, 8.6.1992)

Beim Senator für Verkehr hieß es: „Niemand macht dem Männchen den Garaus. Wir wechseln die alten Ampeln gegen neue mit Piktogrammen aus.“ (aus der FAZ vom 20.2.1997)

Gerade recht kamen den Politikern die Beschwerden aus der Frauenbewegung, die die Übermacht der Ampel*männer* anprangerten. Natürlich, der neue Euro*mann* war tatsächlich geschlechtslos!

Je öfter mich die Ost-Ampelmännchen an den Kreuzungen grüßten, desto klarer wurde meine Idee: Ich hole die ausgemusterten *Geher* und *Steher* von den Hinterhöfen der Straßenbaumeistereien und lasse sie als Lampe in privaten Räumen weiterleben. Keep on walking!

Doch entweder waren die Ampeln alle schon entsorgt, weil wohl niemand an eine Zukunft der Männchen geglaubt hatte. Oder es erging mir wie in Berlin, wo man mich in einer Reihe anderer Ideenfinder mit Platz 248 einer Verwerterliste vertröstete, für den Fall, daß trotz des Geldmangels mal wieder eine Kreuzung erneuert würde.

Ich telefonierte sämtliche Straßenbauämter der Ex-DDR ab und stieß auch auf die Telefonnummer des ehemaligen VEB Signaltechnik in Wildenfels. Meine Hoffnung auf Restbestände wurde zwar nicht erfüllt, aber immerhin gab es die Firma noch, und sie produzierte sogar noch Ampelmänner.

Also arbeitete ich meine Entwürfe aus und fuhr mit ersten Modellen nach Sachsen zur jetzigen Signaltechnik Roßberg GmbH. Völlig überzeugt von meinem Projekt, fand ich mich bei der Präsentation erstaunten Augen gegenüber: Niemand konnte sich ein Leben des Ampelmannes außerhalb der Ampel vorstellen. Dennoch war Geschäftsführer Joachim Roßberg von meiner Idee angetan, und er sah in ihr auch Werbung für das Vorhaben, „seine Männer" wieder in die Ampeln zu bringen.

Nachdem ich eine Bank von meinem Projekt überzeugt, dem TÜV wochenlang kostenlose Auskünfte über die Sicherheitsvorschriften für Wandlampen abgerungen, mehrere Vertreter für Elektrozubehör in meine „Firma", also in meine Wohnung in der Auguststraße in Berlin-Mitte gelockt und einen Betrieb für die Laserschneidearbeiten gewonnen hatte, mußte ich mein Produkt nur noch auf dem Markt einführen:

Den Hauseingang in der Auguststraße funktionierte ich anläßlich des monatlichen Galerienrundgangs kurzfristig zur Ampelmännchengalerie um. Dort präsentierte ich meine ersten sechs Modelle. Die überraschte, zustimmende Reaktion des Publikums ließ mich aufatmen!

Stadtzeitungen und ein Boulevard-Blatt druckten ganzseitige Berichte, es folgten Artikel in überregionalen Zeitungen, Design-Zeitschriften und TV-Sendern.

Der Szenenbildner der Soap Opera *Gute Zeiten – Schlechte Zeiten* plazierte die Leuchte im Café der Serie, von wo sie allabendlich den TV-Serien-Fans entgegenleuchtet. Als kurze Zeit später das *Komitee zur Rettung der Ampelmännchen* mit seinen Aktionen auf die verschwindenden Männchen aufmerksam machte, war das Thema in den Medien nicht mehr aufzuhalten und ein gesamtdeutscher Kult geboren.

Die Begeisterung hat die unterschiedlichsten Motive. Für die einen ist es Nostalgie, weil sie mit diesem Männchen aufgewachsen sind, für die anderen „Ostalgie", weil sie den lustigen, auch ein bißchen antiquiert wirkenden Kerl als Sinnbild ostdeutschen Lebens empfinden; die einen machen ihn zum Botschafter von DDR-Identität und politischem Widerspruch; wieder andere nehmen ihn als beispielhaften Ausdruck eines freundlich-funktionalen Alltagsdesigns; und für viele ist es einfach schick, Produkte mit einem „so süßen Männchen" zu besitzen.

Ob das Phänomen, daß Ampelmännchen nicht nur zur vorfahrtsregelnden Verständigung beitragen, auch auf mehr Verständnis bei den (verkehrs-)politischen Entscheidungsträgern hoffen läßt? Haben uns nicht andere Länder schon

Entwurf eines Sonderpostwertzeichens für die Deutsche Post.

den Fehler vorgemacht, daß man liebgewonnene, landestypische Symbole wie beispielsweise rote Telefonzellen nicht einfach gegen blasse Allerweltsmodelle austauschen sollte? Auch die Ost-Ampelmännchen sind unverwechselbar und einzigartig in der Welt der Ampelmänner und -frauen. Es gibt nordeuropäische Bodybuilder, pfeilschnelle Italiener (avanti!), gummiartige Spanier und schleichende Slowaken mit 70er-Jahre Schlaghosen. Aber keiner erregt soviel Sympathie wie das Ost-Ampelmännchen.

Ist Deutschland wirklich so reich an (positiven) Attraktionen und Charakteren, daß es sich den Aufwand leisten kann, eine kostenlose Kultfigur aus seinen Stadtbildern zu entfernen?

Komitee zur Rettung der Ampelmännchen

Wolfgang Neumann, Vorsitzender des Komitees

„Habt ihr gehört? Gerade ist mal wieder die U-Bahn Rathaus Friedrichshain umbenannt worden." – „Ja, und bei mir an der Ecke haben sie den grünen Pfeil abmontiert." – „Und das Ampelmännchen ... wir sollten es retten!"

Da waren alle sofort einer Meinung. Immer mehr bekannte Dinge verschwanden, wurden ausgetauscht oder gegen das *Bewährte* aus dem Westen ersetzt. Mit den Ampelmännchen sollte das nicht geschehen.

Es war Sommer 96, einige Freunde trafen sich im Friedrichshain zu einem Plausch unter freiem Himmel. Wir wollten keine Zeit verlieren, begannen an der Strategie zu basteln und gründeten im August 1996 das *Komitee Rettet die Ampelmännchen*. Mit sieben Mitgliedern und immer neuen Unterstützern waren wir uns über die Vorgehensweise schnell einig:

Keine Demonstrationen, keine Unterschriftenaktionen oder ähnliches sollte es geben. In einer Undercover-Aktion wollten wir zwei Monate lang die beiden Ampelmännchen verteilen. Tausende von Plakaten und T-Shirts sowie andere kleine Artikel wurden ohne Hinweis auf ihre Herkunft in Berlin und Umgebung unter die Leute gebracht. Zeitungsannoncen wurden geschaltet, in denen nur die beiden mit der

Wer zur Hölle interessiert sich denn schon für so'n beschissenes Ampelmännchen???? Habt Ihr Freaks nichts besseres zu tun als die Leute mit so 'nem Bullshit zu belästigen?

Surfwatch

I can't understand a word of this, as I don't speak German. But if, as I suspect, it is a campaign to save the little men on the street crossings, then I am all in favour.

Edward Hibbert (eh@datcon.co.uk)

Knollnase zu sehen waren. In regelmäßigen Abständen veröffentlichte *Schnacko* seine Sammelbilder der Ampelmännchen. Der Hinweis auf eine elektronische Internet-Seite war anfangs die einzige Möglichkeit, mehr über die Idee *Rettet die Ampelmännchen* zu erfahren.

Es funktionierte: Viele Menschen kannten bereits nach kurzer Zeit das Komitee und fragten nach, wie sie die Aktion unterstützen könnten, wo es die Sachen zu kaufen gäbe.

Nach und nach wurde die Presse aktiv und fand ziemlich schnell die Zentrale des Komitees in der Schreinerstraße. Mit viel Neugier im Gesicht und einigen politischen Fragen kamen fast alle Berliner Blätter. Die meisten Journalisten hatten sich bereits bei den offiziellen Stellen der Stadt erkundigt, was denn nun mit den Ampelmännchen geschehe. Völlig unvorbereitet hatten die hohen Damen und Herren geantwortet. Wenig später erschienen die großen Fernsehsender, um Reportagen über die geschichtlichen Hintergründe der Ampelmännchen zu drehen. Der Vater der Ampelmännchen, Karl Peglau, und viele andere Quellen sprudelten und brachten die schönsten Erinnerungen zu Tage.

Zu diesem Zeitpunkt waren fast alle offiziellen Stellen und Behörden gewarnt, die anonyme Arbeit des Komitees war beendet. Von einer dienstlichen Anfrage der

Kommentare aus dem Internet:

Schwachköpfe, euer Bus faehrt!!! Ihr Affen bekommt die orginal Westampel, oder werdet noch besser ueberfahren.

„Das Ossi"

Die Sammelbilder von Schnacko

Damit ich immer weiss, wo ich bin (stellt euch vor in london wuerden die busse und taxis eierschalenfarben lackiert oder in berlin die busse oben abgesaegt, oder die telefonzellen waeren ploetzlich grau und magenta...)

Felix Hansen

Innenbehörde in Potsdam nach den politischen Hintergründen bis zur Bitte um mehr Informationen für unser Archiv gingen Telefonate in der Koordinierungsstelle ein. Zum großen Vergnügen des Komitees und seiner Mitglieder und auch der Presse, die mit dieser Reaktion der Öffentlichkeit nicht gerechnet hatten. Jetzt waren die Ampelmännchen in aller Munde, und die ersten Zugeständnisse wurden öffentlich.

Mit dem Argument eines *einheitlichen Erscheinungsbildes* hatte unser Verkehrssenator zunächst Rot für das Ampelmännchen signalisiert. Bereits wenig später setzte sich Jürgen Klemann (CDU) für die beiden ein und wollte es leben lassen. Der sächsische Wirtschaftsminister Kajo Schommer (CDU) sprach sich für den Erhalt der dynamischen Männchen aus, und in Sachsen-Anhalt versprach der Verkehrssenator Jürgen Heyer (SPD), eine Empfehlung auszuarbeiten, die den Erhalt der Ampelmännchen befürwortet.

Macht doch nicht irgendetwas so dumm als das Ampelmänchen verbannen. Es ist doch etwas wirklich originale und sympatisch und viel schöner als zum beisbiel hier in Finnland! Und dann auf Finnis, Elkää nyt ihmeessä olko niin tyhmiä, että poistatte liikennevaloukon. Ukko on tosi originelli ja sympaattinen ja paljon komeampi kuin suomalainen virkavaljensä!

Antti Laukkarinen

Das größte Forum ist aber im Internet zu finden. Unser [MAX] ist mit viel Liebe unter www.interactive.de dabei, die über 100 Seiten an Protesten und Tips auszuwerten. Mehr als 500.000 Besucher haben die Seite gefunden, und vom schönen Gedicht bis zu einem Statement von *Helmut Kohl* ist alles an der Pin-Wand. Viele andere Internet Pages haben einen Link zur Ampelmännchenseite geschaltet. Von

To whom it may concern, I would like to express my support for Das Ampelmännchen. He's the most human of traffic-lights and in my humble opinion he should be used as a standard in the European Community. For kinder and gentler traffic!
Regards Karen Nielsen, Copenhagen

der Berliner-Morgenpost.de bis zu Ina's Homepage in New York City. Als nach einem Bericht im Wallstreet Journal zahlreiche amerikanische Kommentare eingingen, habe ich gestaunt, wie viele Touristen sich an die beiden *Kerle* erinnerten.

Zu diesem Zeitpunkt kam der *Spiegel* mit der Bitte um ein Interview und Fotos. In eisiger Kälte hatte Gundula als Fotografin ihre Sorgen um die schönen Motive rund um den Alex. Obwohl die kühlen Hamburger sicherlich etwas entsetzt über das nicht ganz so aufgeräumte Berlin waren, ging der 2-Seiten-Artikel um die Welt. Interessiert meldete sich BBC Europa, und auch das japanische Fernsehen drehte einen Spot.

Im Frühling 1997 nahm das Komitee viele der neuen Ideen zur Rettung der Ampelmännchen auf und setzte sie um: bei der Eröffnung der Musikmesse des Ostens für einen Trabbi mit Ampelmännchen nach China; die Fußballmannschaft *FC Zukunft Magdeburg* gewann ihr Heimspiel im Ampelmännchen-Dress; an der Schönhauser Allee eröffnete die Kneipe *Das Ampelmännchen.* Und unter der Galerie Lafayette fragen insbesondere Touristen nach den Ampelmännchen.

Viele Zuschriften erreichten uns mit Anfragen nach Originalen. Für alle, die immer noch auf der Warteliste eine originalen Ampelmännchen-Lampe stehen: Habt etwas Geduld. Sie werden jetzt nicht mehr so schnell abgebaut.

Waaaaaas, die OST-Kacke soll gut aussehen? Wem das Ostkrüppelchen gefällt, der mag auch die SED, den Leninismus und hat echt keine Ahnung.

Wer die D-Mark will, muß auch sein dummes Männchen abgeben.

Es lebe das freie Westberlin!!!

WESTBERLINER

Das Ampelmännchen ist hübsch und nett. Unsere Schwedishe "gröna gubbe" ist stiff und dull. Lass das Ampelmännchen bleiben und exportieren ihm nach Schweden. Bitte!
Per Strandberg

Was bleibt

Mathias Wedel

Nun endlich können wir aufstoßen – oder aufatmen, je nach Veranlagung: Die deutsche Einheit, sie ist gelungen!

Nach Ansicht der Westdeutschen war sie das schon früher. Seit die Zone samt und sonders in die Grundbücher der Wessis Eingang gefunden hat, ist für sie der Fall erledigt. Für uns Ostler fehlte immer noch etwas. Was, das wußten wir aber nicht so genau: Volkseigentum und Arbeitsplätze, betriebliche Mitbestimmung, tiefgestapelte Fahrpreise und Mieten konnten es ja nicht mehr sein. Damit diese knechtenden Erfindungen der Diktatur abgeschafft würden, sind wir schließlich '89 ausnahmsweise mal nicht in die Kneipe, sondern auf die Straße gegangen. Was also fehlte uns, warum waren wir nicht glücklich, wie es von uns per Einigungsvertrag erwartet wird?

Die einen wären schon versöhnt gewesen, wenn Christiane Herzog wenigstens einmal bei ihrer Koch-Orgie mit Alfred Biolek eine echte Dederon-Kitschschürze angezogen hätte. Die anderen hätten gern die gerontischen Puhdys als Vorband für die Michael-Jackson-Konzerte um die Welt geschickt. Oder wenn wenigstens die Frauenruheräume in den Fabriken und Verwaltungen der Bundesrepublik erhalten worden wären (natürlich neu aus dem IKEA-Matratzenprogramm möbliert)! Aber inzwischen ruhen die Frauen ja den ganzen Tag über, wachen bei *Vera am Mittag* mal kurz auf, um dann bis *Hans Meiser* durchzuschlummern. Außerdem kann es den Frauenruheraum, diesen mystischen Ort erotischer Spiele, schon deshalb nicht mehr geben, weil es keine BGL mehr gibt (denn die verwahrte den Schlüssel).

Was aber bleibt von den geschurigelten Identitäten, die alle in ihrem ersten Leben mal junge Revolutionäre, „Fans von Egon Krenz“ oder weitausschweifende Schützenkette in den alljährlichen Ernteschlachten gewesen sind?

Die Sprachwissenschaft hat festgestellt: Zwei zärtliche Wörtchen sind geblieben und haben Einlaß in das feingeschliffene Deutsch gefunden, das im Mutterlande seit je gesprochen wird: „andenken“ und „abnicken“. In der DDR hat sich nämlich niemand getraut, irgendwas von hinten nach vorne, geschweige zu Ende zu denken (zu Ende denken hätte unweigerlich zum Aufstand geführt) – man dachte prinzipiell nur an und konnte dann so tun, als sei gar nichts gewesen – ein leiser Pups nur, bezüglich dessen man die Urheberschaft abstreiten konnte, kein selbstbewußter. Wer „angedacht“ hatte, hatte die Linie des letzten Plenums nur noch nicht erfahren. Und selbst, wenn man mit dem Andenken ziemlich weit gekommen war, zum Schluß brauchte man noch reichlich Abnicker. Von denen gab es erstaunlicherweise nie zu wenig, aber man war selten beim letzten angekommen.

Die Ossis haben seit der Wende 30 000 neue Wörter hinzulernen müssen. Sie sagen zum Beispiel jetzt nicht mehr: „Meine Frau sitzt in der Küche“, sondern „Meine Frau weilt in der Küche außen vor“. Die Wessis wollten nur zwei Elemente aus dem Ostkauderwelsch haben. Daß es „andenken“ und „abnicken“ sind, zeigt doch, wie verwandt wir sind. Außerdem ist das schöne Gedicht „Ab Freitag um eins / macht jeder seins“ in den gesamtnationalen Fundus übergegangen. Nur daß die Bürokratie jetzt schon ab Zwölfen ihrs macht. Aber das reimt sich ja nicht.

Um den Westdeutschen etwas Gutes zu tun und damit sie leichter Verkehr haben können, haben wir ihnen auch noch unseren Grünen Pfeil zur Verfügung gestellt. Sie nutzen ihn aber nur zögerlich (Merke: der Ostler zögert, der Wessi ist zögerlich), weil sie zwei widerstreitende Befehle schlecht auseinanderhalten können. Die rote Ampel sagt „Halt!", der Grüne Pfeil relativiert das auf irritierende Weise. Das ist für Leute, die nie lernen mußten, wie sie die Kurve kriegen, natürlich schwer. Sie tun das Naheliegende: Sie fahren sich tot.

Heilig die le-e-tz-te Schlacht! Sie ist nun um das Ampelmännchen entbrannt. Wir wollen nicht von einem Typen übern Damm geblinkert werden, der wie ein westdeutscher Versicherungsvertreter aussieht, steif und keinen Arsch in der Hose. Reicht es nicht, wenn wir uns ansonsten stets von denen gängeln lassen müssen? Unseres trägt Hütchen, wie Nikita, Leonid, Walter, Erich und der heimliche Ossi Udo Schallmei Lindenberg. Es schreitet froh fürbaß, wie wir früher, wenn es irgendwo Pfirsiche gab. Es übt ostentativ den aufrechten Gang, den wir von Bärbel Bohley gelernt haben. Oder es eilt, als wollte es jemanden überholen, ohne jemanden einzuholen.

Unseres ist der neuen Zeit zur Gänze zugewandt – dynamisch und frohgestimmt. Und es ist die Materialisierung unserer Lebenserfahrung aus vierzig Jahren andauernden Klassenkampfs: Vorwärts immer, rückwärts nimmer! Wer unser Ampelmännchen tötet, tötet auch uns.

In einigen Thüringer Kommunen ist jetzt für uns die Freiheit ausgebrochen. Im Prinzip ist dort – unter dem Druck der linken Avantgarde PDS – das Ossimännchen rehabilitiert für den öffentlichen Dienst (die Gauck-Überprüfung förderte nichts Belastendes über es zutage; zumindest hat es niemandem geschadet). Nur sind nicht mehr genügend da. Bis zu seiner vollständigen Wiedereinführung dürfen nur autorisierte Ostler (auch gegauckt, natürlich) in den Verkehrsverwaltungen die dünnen Metallfolien in den Ampelanlagen herausnehmen und sich selbst ihr Ossimännchen schnitzen. Waren wir nicht schon immer ambitionierte Menschenbildner? Haben wir nicht schon immer auch unter widrigen Bedingungen was aus uns gemacht? Jetzt nehmen die Ampelmännchen endlich Gestalt an, wie wir sie schon immer haben wollten. Es sind kleine Helden, vom Sozialismus geprägt, von Walter Womacka gezeichnet, von Willi Sitte mit Potenz ausgestattet. Furchtlose Wesen, die die Wiedervereinigung als Chance begreifen. Oder auch nölende Kreaturen mit Schirmchen, die nach wie vor im Regen stehen. Die ganze Vielfalt unseres Lebens eben. In Erfurt wurde jetzt ein Ampelmännchen mit eregiertem Penis gesichtet – um die Ecke geht es zu Beate Uhse.

Nein, es war nicht alles schlecht! Aber jetzt, wo wir zumindest im Osten wieder die Macht haben – über die wichtigsten Kreuzungen – ist es natürlich besser.

Auszüge aus der Broschüre „Leistungsfähigkeit und Dimensionierung von Fußgängerüberwegen"

AMPELMAN SUPERSTAR

herausgegeben vom Bundesminister für Verkehr, Bonn 1964.

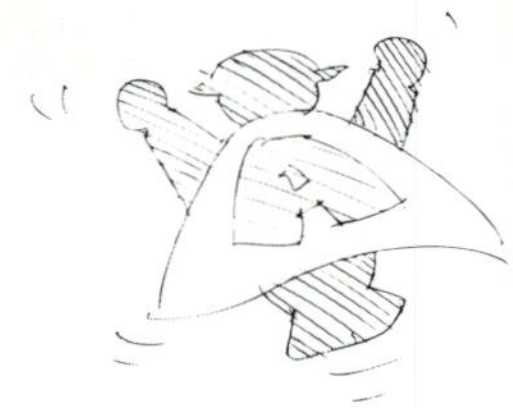

Illustrationen von Reinhard Zetsche

Es wurde in den Randbereichen des Überweges beobachtet, daß die Fußgänger zur Wegverkürzung diagonal zum Gehen ansetzen, so daß sie anderen Fußgängern durch gleichzeitige Überholversuche den Weg abschnitten.

Die Schwankungen der Kurve des Geschwindigkeitsverlaufs in den Randbereichen sind auf dieses Verhalten beim Anlaufen zurückzuführen, ferner auf die Gruppenbildung, die durch die Behinderung auf dem Gehweg ausgelöst wurde, so daß sich einzelne Fußgängergruppen auf der Fahrbahn durchsetzen mußten.

In Straßenmitte gingen die Fußgänger, abgesehen von den notwendigen Schlängelbewegungen, im wesentlichen parallel zur Überwegsachse. Die Geschwindigkeitsabsenkungen der sich begegnenden Fußgänger sind ebenfalls in Straßenmitte zu erkennen."

„... Anlaufen, Durchsetzen und Beschleunigen bis zur normalen Geschwindigkeit. Der Durchsetzungsvorgang ist für die Leistungsfähigkeit eines Überweges maßgebend, die Geschwindigkeit der Fußgänger nimmt während des Durchsetzungsvorganges ab."

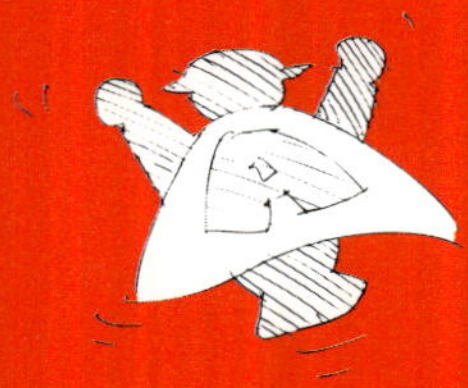

„... Durchschreitet er eine ihm entgegenkommende, dichter gedrängte Fußgängergruppe, so versucht er, je nach Erfordernis, seine Körperbreite durch Verdrehen des Oberkörpers zu verringern.“

„... werden diese Werte für jede Wartefläche und je nach Reisezweck der Fußgänger unterschiedlich sein.“

Fazit: „ ... Der Fußgänger ist der gefährdetste Verkehrsteilnehmer. Dort, wo er in Massen auftritt, also in den Städten, wo er sich mit starken Strömen anderer Verkehrsarten auseinandersetzen muß, müssen besondere, leistungsfähige, gut sichtbare, leicht begreifbare, einladende und damit sichere Straßenverkehrsanlagen für ihn geschaffen werden.“

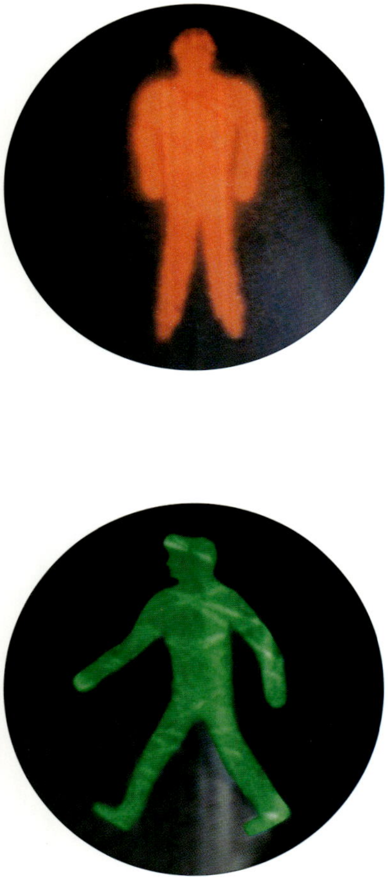
Spanien

Rußland

Tschechien

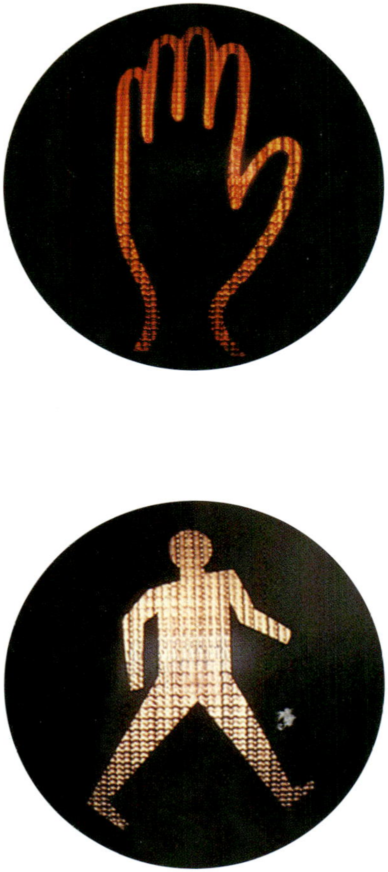

Kanada

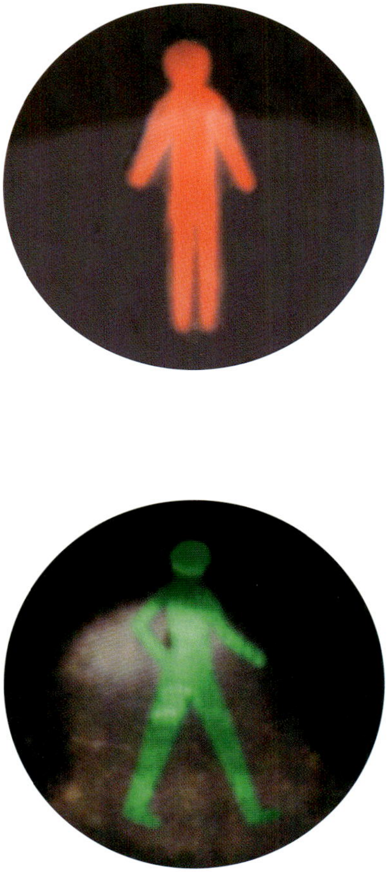

Singapur

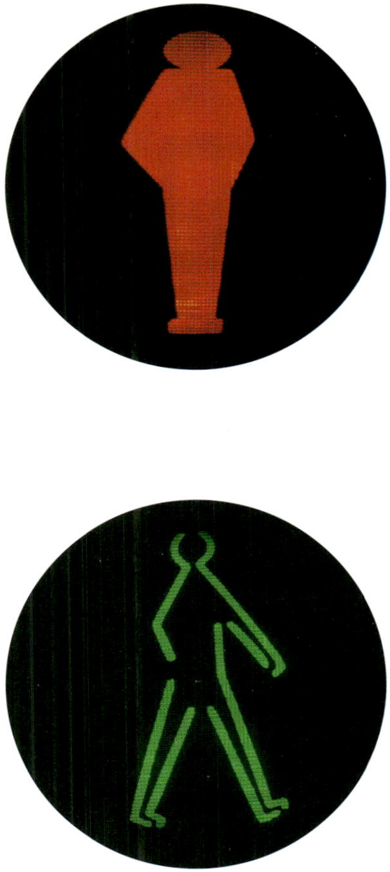

Schweiz

Treffen der Ampelmänner

Ostdeutschland

Westdeutschland

Der neue (deutsche) Euromann

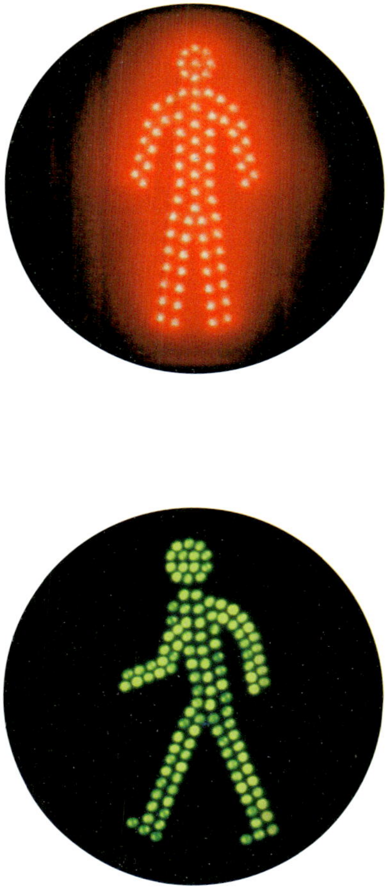

Frankreich (Paris)

Großbritannien

Belgien

Über die Leistungsfähigkeit eines Zeichens

Schade um die alten Ampelmännchen. Zu unserem Straßenbild gehören die Männer mit Hut einfach dazu ... Bei Rot wirken seine verschwimmenden Konturen beinahe dämonisch. Bei Grün will es richtig dynamisch aussehen und ist doch vor allem knuffig. Das geschlechtslose Wesen mit Kugelkopf, das sich Wissmann jetzt ausgedacht hat, ist dagegen einfach nur langweilig ... Im Verkehr geht es allzuoft hektisch zu – warum soll nicht wenigstens das Ampelmännchen Gemütlichkeit ausstrahlen?

Jürgen Heyer, Verkehrsminister von Sachsen-Anhalt SPD, in: „Auto Bild" zum Thema „Mit Kugelkopf oder Hütchen?", 13.4.1996

Man muß auch nicht jede bürokratische Segnung aus Bonn oder Brüssel gedankenlos übernehmen.

Kajo Schommer, Wirtschaftsminister von Sachsen, CDU, in: „Bild", 19.1.1997 (Sachsen war das erste Bundesland, in dem die Ost-Ampelmännchen wieder eingeführt wurden bzw. nicht mehr ausgetauscht werden.)

Das neue Ampelmännchen gehört zur Serie der neuen Piktogramme. Sie sind einfacher und klarer gehalten als die alten Verkehrszeichen und damit besser zu erkennen. ... Das Festhalten am Alten ist hier falsch verstandene Nostalgie, denn die Verkehrssicherheit ist hundertmal wichtiger als alle Geschmacksfragen.

Eckart Dyckerhoff, Verkehrsingenieur beim ADAC, in: „Auto Bild" zum Thema „Mit Kugelkopf oder Hütchen?", 13.4.1996

Verkehrsunsicher?

Dem Entwurf des Ost-Ampelmännchens lag die Überlegung zugrunde, durch eine gedrungene Figur und großen Kopf die Leuchtfläche und damit die Erkennbarkeit zu vergrößern. Gegenüber dem Euro-Ampelmann weist es eine fast doppelt so große Leuchtfläche aus.

Verkehrsunsicher?

Die ausgebreiteten Arme des roten Männchens verdeutlichen die Sinnbildlichkeit des Sperrbalkens. In sämtlichen Bereichen der Verkehrsregelung ist der Querbalken das Symbol für „Kein Durchgang" und der vertikale Balken das Symbol für „Durchgang frei".

Das stehende Euro-Männchen, das aus Entfernung durch seine eng angelegten Arme wie ein vertikaler Strich aussieht, stellt dieses Gestaltungsprinzip auf den Kopf.

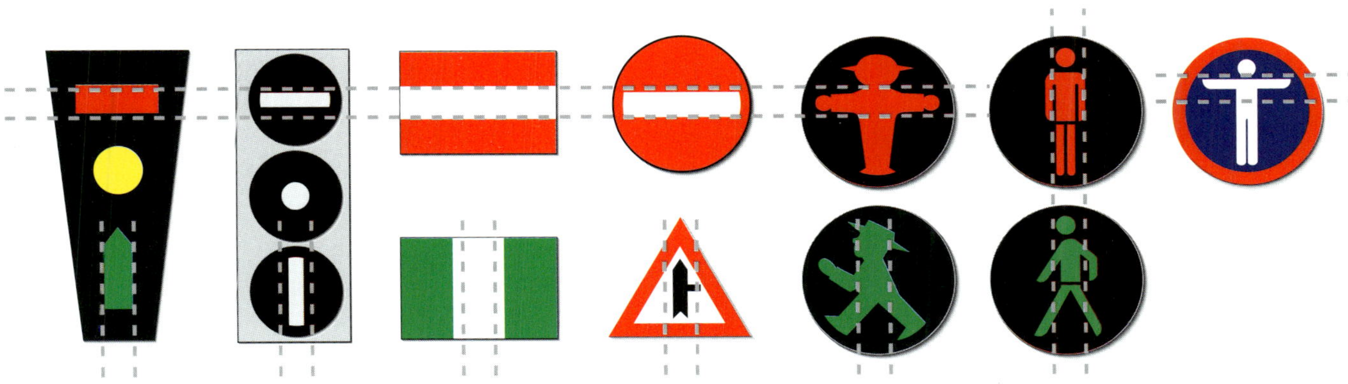

Farb-Form-Ampel (nach Peglau) · *Straßenbahn* · *Schiffahrt* · *Straßenverkehr* · *Fußgänger* · *Fußgänger* · *Deutsche Bahn*

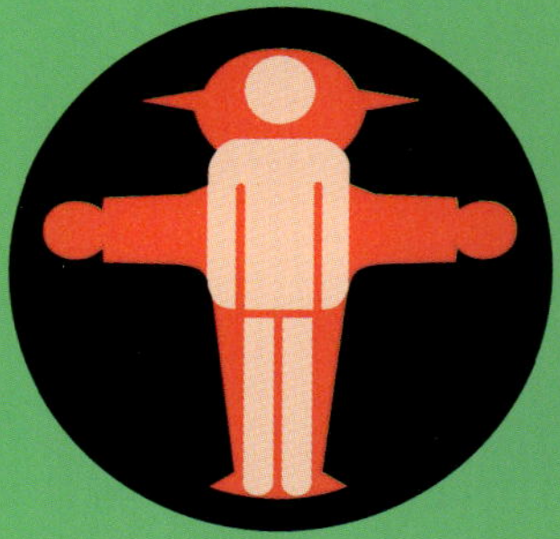

Im Vergleich: Das Ampelmännchen zum neuen Euromann

Verkehrsunsicher?
Als Begründung für die Auswechslung der Ost-Ampelmännchen wurden von Politikern, Verkehrsexperten und -technikern die technische Veraltung gegenüber den West-Ampelmännern bzw. den Euro-Männern als Argument angeführt.
Diese technische Veraltung trifft nicht auf das Ampelglas, sondern auf die gesamte elektronische Steuerungsanlage zu. Diese ist völlig unabhängig vom Ampelglas bzw. dem zu verwendenden Symbol.

Verkehrsunsicher?
Wodurch soll ein prägnantes, psychologisch wirksames und von unterschiedlichen Verkehrsteilnehmern freiwillig akzeptiertes und für die Verkehrserziehung von Kindern taugliches Symbol adäquat ersetzt werden?

12

Fotonachweis

Eleonore Straub: Seite 6 Volksbühne. **Siemens Museum:** 14, Verkehrsturm am Potsdamer Platz; 19, Ampel von 1955. **Bildarchiv Preußischer Kulturbesitz:** 15, Zeigerampel; 16, Potsdamer Platz; 17, Verkehrsstau am Brandenburger Tor. **Landesbildstelle:** 15, Polizist 1925; 18, Erste Fußgängerampel; 62 bis 65, Fußgängerüberweg Ost-Berlin. **Friedrich Rochow:** 32-41, Filmbilder. **Frank Wölffing-Seelig:** 8, Ampel; 45, Ampelglas; 56, Schlüsselanhänger. **Gundula Krause:** 58, Komitee. **Rainer Steinhart:** 70-77, Ampelmännchen aus aller Welt: Leiter, Boston, Kanada, Rußland, Polen (Gorzów Wielkopolski), Tschechien, Frankreich (Avignon), Schweiz, Italien (Florenz), Österreich, England. Weitere Ampelmännchen sind im Katalog von R. Steinhart, Sonthofen, Hörnerstr. 4, abgebildet. **Markus Heckhausen:** 11, 12, 13, 21, 46, 47, 49, 52-55, 70-75 Ampelmännchen aus aller Welt: Ungarn, Polen (Warschau), Belgien, Ost/West-Deutschland, Deutschland (neu), Italien (Mailand), Singapur, Slowakei, Frankreich (Paris), Spanien. S. 79. Die **Ampelmann-Schrift** für Mac oder Windows kann kostenlos bestellt werden bei: FontShop Berlin, Tel. 030-69 58 95 oder im Internet www.fontshop. de.